实用计算方法原理及算法实现

（VB. NET 版）

杨超　范士娟　周建民　◎　编著

西南交通大学出版社

·成都·

内容简介

本书是针对"计算方法""数值分析""数值计算方法""数值分析与算法"等课程编写的，介绍了科学与工程计算中的常用算法，重点给出了算法思想、原理、实现步骤、实现程序和验证算例。主要内容包括非线性方程根的数值解法、线性方程组的直接解法、线性方程组的迭代解法、非线性方程组的数值解法、插值方法、曲线拟合、矩阵特征值、数值积分与数值微分，以及常微分方程数值解法。每个算法都有相应的实现例程，多数算法写成了通用子程序。全书共有 45 个常用算法，所有算法示例程序都是基于可视化语言 Visual Studio 2017 的 VB.NET 编写的并进行了验证。

本书可作为高等院校理工类专业本科生及工科类硕士研究生"计算方法"或"数值分析"课程的辅助教材或教学参考书，也可供科研院所、工矿企业从事科学与工程计算的科技人员使用和参考。

图书在版编目（CIP）数据

实用计算方法原理及算法实现：VB.NET 版 / 杨超，范士娟，周建民编著. —成都：西南交通大学出版社，2020.12（2024.7 重印）

ISBN 978-7-5643-7877-6

Ⅰ. ①实… Ⅱ. ①杨… ②范… ③周… Ⅲ. ①电子计算机－计算方法 Ⅳ. ①TP301.6

中国版本图书馆 CIP 数据核字（2020）第 244504 号

Shiyong Jisuan Fangfa Yuanli ji Suanfa Shixian (VB.NET Ban)
实用计算方法原理及算法实现（VB.NET 版）

杨超　范士娟　周建民 / 编著	责任编辑 / 孟秀芝
	封面设计 / 曹天擎

西南交通大学出版社出版发行

（四川省成都市金牛区二环路北一段 111 号西南交通大学创新大厦 21 楼　610031）

发行部电话：028-87600564　028-87600533

网址：http://www.xnjdcbs.com

印刷：成都蓉军广告印务有限责任公司

成品尺寸　185 mm×260 mm

印张　15.25　　字数　353 千

版次　2020 年 12 月第 1 版　　印次　2024 年 7 月第 2 次

书号　ISBN 978-7-5643-7877-6

定价　45.00 元

课件咨询电话：028-81435775

P 前 言
reface

随着计算机技术的飞速发展及其在各个领域的广泛应用，理论科学、试验科学和计算科学并列成为现代科学活动的三种重要手段。通过计算机可以处理实际问题、分析计算误差，并与相应的理论和可能的试验进行对比和印证，因此，掌握基本的数值计算方法并能编程实现、应用，已成为理工科学生必备的技能之一。本书是在工程教育认证背景下、以成果导向教育(OBE)理念为指引编写而成的，重在培养和提高学习者自我学习和动手解决实际问题的能力。

本书的宗旨是让学习者学习并掌握常用计算方法的原理与算法步骤，并能用计算机编程实现，从而培养和提高学习者选用合适的算法来独立处理数值计算问题的能力。

作者多年来为工科本科生和工科研究生讲授"计算方法""数值分析"和"计算方法与程序设计"课程，深感学生理解算法原理和编写算法程序的困难，所以，在介绍算法时，本书尽量简化算法的理论推导过程，重点说明算法的思想、原理、实现步骤及注意事项，侧重于学习者对算法原理的理解和掌握与算法的程序实现和应用。

全书分 9 章，共有 45 个常用算法，包括求非线性方程根的 8 个迭代算法，求解线性方程组的 6 个直接算法和 4 个迭代算法，求解非线性方程组的 6 个迭代算法，4 个插值算法，2 个曲线拟合算法，3 个求解矩阵特征值的算法，6 个求解数值积分算法和 1 个数值微分算法，5 个常微分方程数值解法。每个算法都有详细的算法步骤和例程，配有程序界面和详尽的程序代码，所有的算法例程均采用可视化编程语言 Visual Studio 2017 的 VB. NET 作为开发工具编写而成，为便于学习和理解，所有例程都坚持简洁性、一致性、易用性、重用性和实用性原则：算法的例程界面设计尽可能简洁、美观，类似算法的界面风格尽可能保持一致；参数的输入、求解结果的输出都在程序界面上完成，简单且直观，也便于算法的对比；不同的算法程序里，参数的读取过程、计算结果的输出过程等尽可能采用相同的过程名称；类似的子程序或过程里调用参数的形式尽可能保持一致；多数算法都做成了通用子程序的形式，只需按要求传递参数，就可返回需要的数据，便于代码重用，甚至直接使用；需要输入方程或方程组表达式的地方，单独给出了子程序框架，实际应用时，只需在指定的子程序框架内输入必要的表达式即可，其余程序无须改动；设计程序时，总是尽可能采用内存占用少的方式；涉及多项式或函数的地方，都给出求解结果曲线，便于对比。这些都有利于培养学习者良好的编程习惯。

每章都留有若干上机实验题，供学习者练习。

本书 46 个算例程序都在"Windows 7+Visual Studio 2017-VB. NET"和"Windows 10+Visual Studio 2017-VB. NET"环境下调试通过。

杨超编写了第 3 章、第 4 章、第 5 章和第 9 章，范士娟副教授编写了第 2 章、第 6 章和第 8 章，周建民教授编写了第 1 章和第 7 章。

本书在成稿过程中，华东交通大学刘正平教授和江西农业大学吴彦红教授、薛龙副教授提出了许多宝贵意见，在此表示衷心感谢！

由于作者水平有限，书中难免还存在不足和疏漏，恳请读者和广大同仁多提宝贵意见，以便今后改进。

杨超　范士娟　周建民

2020 年 10 月于南昌

C目录
ontents

第 1 章 非线性方程根的数值解法

科学工程中的很多问题常常归结为求解一个非线性方程，很难或无法得到解析解，往往需要寻求数值解法。本章将给出两类数值解法：① 通过构造不断缩小的有根区间序列，当有根区间缩小到一定程度时可用有根区间内的任一点作为根的近似值；② 构造收敛于方程根 x^* 的数列 $\{x_k\}$，当满足一定条件时 x_k 可作为根 x^* 的近似值。

1.1 二分法

1.1.1 算法原理与步骤

设非线性方程 $f(x) = 0$ 在区间 $[a, b]$ 上连续，如果 $f(a)f(b) < 0$，则 $f(x)$ 在 $[a, b]$ 内至少有一个零点。将区间 $[a, b]$ 二等分，计算其中点 $c = (a+b)/2$ 的函数值 $f(c)$，如果 $f(c) = 0$，则 c 为方程的根；如果 $f(a)f(c) < 0$，则区间 $[a, c]$ 包含方程的根；否则，方程的根在区间 $[c, b]$ 内。将包含方程根的区间仍记为 $[a, b]$，再将其二等分，并计算其中点 $c = (a+b)/2$ 的函数值 $f(c)$，重复前面的判断。该过程每进行一次，解区间就缩小为原来的一半，重复此过程，直到区间长度缩小到指定的精度。二分法求解非线性方程根的过程如图 1.1 所示。

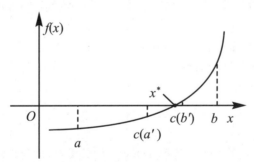

图 1.1 二分法求解过程

二分法是一种逐步搜索算法，其全局收敛，但收敛速度较慢。

用二分法求解非线性方程 $f(x)$ 的算法步骤如下：

步骤 1：输入有根区间端点 a 和 b、解精度 E1 和方程精度 E2、最大迭代次数 M。

步骤 2：计算 $f(x)$ 在区间 $[a, b]$ 端点处的函数值 $f(a)$ 和 $f(b)$。

步骤 3：若 $|f(a)| < E2$ 或 $|f(b)| < E2$，则输出 a 或 b，计算结束；否则，往下进行。

对于 $K = 1, 2, \cdots, M$，执行步骤 4 至步骤 6。

步骤 4：计算 $f(x)$ 在区间中点 $c = (a+b)/2$ 处的值 $f(c)$。

步骤 5：若 $|f(c)|<E2$，则输出 c，计算结束；若 $f(c)f(a)<0$，则方程的根在区间$[a, c]$内，令 $b = c$，$f(b) = f(c)$；否则，方程的根在区间$[c, b]$内，令 $a = c$，$f(a) = f(c)$。

步骤 6：若区间长度$|b-a|<E1$，输出$(a+b)/2$，计算结束。

步骤 7：输出"二分法已迭代 M 次，没有得到符合要求的解"，停止计算。

1.1.2 算法实现程序

二分法程序界面如图 1.2 所示。

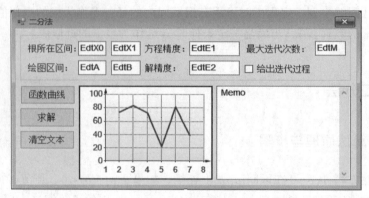

图 1.2　二分法程序界面

程序实现的主要代码如下：

```
Imports System.Math
Public Class frmMain
    Dim E1 As Double, E2 As Double, M As Integer, SS As String, ShowGuoCheng As Boolean
    Private Function Func(X As Double)
        '这里写入待求函数 f(x)的表达式
        Func = 2^(-X)-cos(X)
    End Function
'交换变量 X 和 Y 的值
    Private Sub SwapXY(ByRef X As Double, ByRef Y As Double)
    Dim T As Double
        T = X: X = Y: Y = T
    End Sub
'按钮 BtnClear 的 Click 事件。清除 Memo 的内容
    Private Sub BtnClear_Click(sender As Object, e As EventArgs) Handles BtnClear.Click
    Memo.Clear()
    End Sub
```

'按钮 BtnCurve 的 **Click** 事件。绘制方程函数在区间[a, b]内的图形

```
Private Sub BtnCurve_Click(sender As Object, e As EventArgs) Handles BtnCurve.Click
    Dim I As Integer, A As Double, B As Double, X As Double, Y As Double, Dx As Double
    A = Val(EdtA.Text)
    B = Val(EdtB.Text)
    If A > B Then SwapXY(A, B)
    Chart.Series(0).Points.Clear()
    Dx = (B － A) / 200
    For I = 0 To 199
        X = A + I * Dx
        Y = Func(X)
        Chart.Series(0).Points.AddXY(X, Y)
    Next
End Sub
```

'按钮 BtnResult 的 **Click** 事件。本过程调用了子程序 **SwapXY**、输出计算结果子程序 **OutputResult** 和二分法求根子程序 **ErFen**

```
Private Sub BtnResult_Click(sender As Object, e As EventArgs) Handles BtnResult.Click
    Dim X As Double, F As Double, X0 As Double, X1 As Double, K As Integer, Msg As String
    X0 = Val(EdtX0.Text): X1 = Val(EdtX1.Text)
    E1 = Val(EdtE1.Text): E2 = Val(EdtE2.Text)
    M = Val(EdtM.Text)
    ShowGuoCheng = CheckBox.Checked
    If X0> X1 Then SwapXY(X0, X1)
    Msg = ""
    SS = "求解过程："
    ErFen(X, F, K, Msg, X0, X1)
    If (ShowGuoCheng = True) And (SS <> "") Then
        Memo.Text = SS & vbCrLf
    End If
    If Msg = "" Then
        OutputResult(X, F, K)
    Else
        MessageBox.Show(Msg)
    End If
End Sub
```

'二分法求根子程序 **ErFen**。使用控制精度 E1 和 E2、最大迭代次数 M，输入根所在区间端点 X0 和 X1，返回方程的近似解 X、方程的值 F、迭代次数 K、迭代过程数据 SS 和消息 Msg

```
Private Sub ErFen(ByRef X As Double, ByRef F As Double, ByRef K As Integer,
ByRef Msg As String, X0 As Double, X1 As Double)
    Dim C As Double, Fa As Double, Fb As Double, Fc As Double, I As Integer
    Fa = Func(X0): Fb = Func(X1)
    Msg = ""
    If Abs(Fa) < E1 Then
        X = X0: F = Fa
        K = 0: SS = SS + Str(X) + ";"
        Exit Sub
    End If
    If Abs(Fb) < E1 Then
        X = X1: F = Fb
        K = 0: SS = SS + Str(X) + ";"
        Exit Sub
    End If
    For I = 1 To M
        C = (X0 + X1) / 2: Fc = Func(C)
        If Abs(C - X0)< E2 And Abs(Fc) < E1 Then
            X = C
            F = Fc
            K = I
            SS = SS + Str(X) + ";"
            Exit Sub
        End If
        If Fa * Fc < 0 Then
            X1 = C
            Fb = Fc
            SS = SS + Str(X1) + ";"
        Else
            X0 = C
            Fa = Fc
            SS = SS + Str(X0) + ";"
        End If
    Next
    X = 0
    F = 0
    K = M
    Msg = "二分法迭代了" + Str(M) + "次，没有得到符合要求的解"
```

```
        End Sub
'输出求解结果子程序 OutputResult。输出根的近似值 X、方程的值 F 和迭代次数 K
    Private Sub OutputResult(X As Double, F As Double, K As Integer)
        With Memo
            .Text = .Text & "======二分法======" & vbCrLf
            .Text = .Text & "方程的根为: " + Str(Round(X / E2) * E2) & vbCrLf
            .Text = .Text & "方程的值为: " + Format(F, "0.####E+00") & vbCrLf
            .Text = .Text & "迭代次数: " & Str(K) & vbCrLf
            .Text = .Text & "===================" & vbCrLf
        End With
    End Sub
End Class
```

1.1.3　算例及结果

用二分法求函数 $f(x) = 2^{-x} - \cos(x)$ 在区间[4, 6]内的根。

参数输入及求解结果如图 1.3 所示。

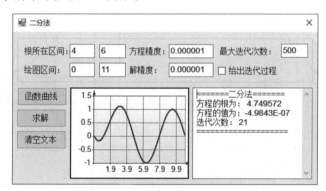

图 1.3　算例的二分法求解结果

1.2　不动点迭代法

1.2.1　算法原理与步骤

将方程 $f(x) = 0$ 变形为 $x = \varphi(x)$，先设法给出根的某个近似估计值 x_0（迭代初值），令 $x_1 = \varphi(x_0)$，并取 x_1 作为方程根新的近似值，令 $x_2 = \varphi(x_1)$，如此反复迭代，就有 $x_{k+1} = \varphi(x_k)$（$k = 0, 1, 2, \cdots$），据此，可以得到近似值序列 $\{x_k\}$。如果序列 $\{x_k\}$ 收敛，即 $x_k \to x^*$（$k \to \infty$），则 $x^* = \varphi(x^*)$。当 k 充分大时，有 $|x_k - x^*| < \varepsilon$，就可得到满足事先给定精度 ε 的所求根 x^* 的近似值 x_k。

求方程 $x = \varphi(x)$ 的根就是求曲线 $y = \varphi(x)$ 与直线 $y = x$ 交点的横坐标 x^*。迭代求解过程（见图 1.4）：$x_0 \rightarrow y = \varphi(x_0)(P_0$ 点$) \rightarrow x_1 = \varphi(x_0) \rightarrow y = \varphi(x_1)(P_1$ 点$) \rightarrow x_2 = \varphi(x_1) \rightarrow y = \varphi(x_2)$ $(P_2$点$) \rightarrow \cdots$。当 $\varphi(x)$ 的变化幅度小于 x 的变化幅度时，迭代公式收敛；否则，迭代公式发散。图 1.4（a）和 1.4（b）为不动点迭代法收敛示意图（x_k 不断靠近 x^*），图 1.4（c）和 1.4（d）为迭代法发散示意图（x_k 不断远离 x^*）。

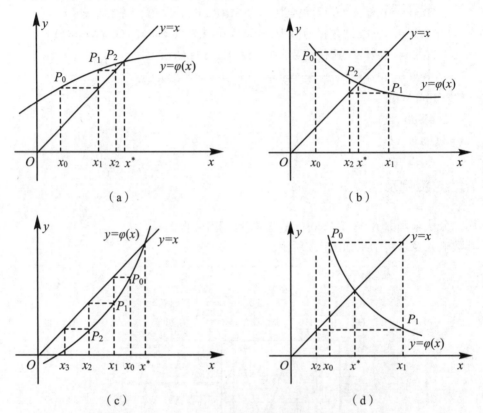

图 1.4　不动点迭代法收敛与发散示意图

用不动点迭代法求解非线性方程 $f(x) = 0$ 的算法步骤如下：

步骤 1：输入迭代初值 x_0、控制精度 E、最大迭代次数 M。

步骤 2：计算 $f(x_0)$，若 $|f(x_0)| < E$，则输出 x_0，计算结束；否则，往下进行。

对于 $K = 1, 2, \cdots, M$，执行步骤 3 至步骤 5。

步骤 3：计算 $x_1 = \varphi(x_0)$。

步骤 4：若 $|x_1 - x_0| < E$ 或 $|x_1 - f(x_1)| < E$，则输出 x_1，计算结束；否则，往下进行。

步骤 5：$x_0 = x_1$，返回步骤 3。

步骤 6：输出"不动点迭代法已迭代 M 次，没有得到符合要求的解"，停止计算。

1.2.2　算法实现程序

不动点迭代法程序界面如图 1.5 所示。

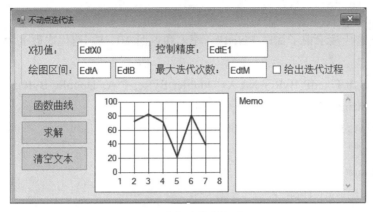

图 1.5   不动点迭代法程序界面

程序实现的主要代码如下:

```
Imports System.Math
Public Class frmMain
    Dim E1 As Double, M As Integer, SS As String, ShowGuoCheng As Boolean
    '不动点迭代函数φ(x)的表达式
    Private Function Fai(X As Double)
        Fai = X + Func(X)
    End Function
```

'按钮 BtnResult 的 **Click** 事件。本过程调用了输出计算结果子程序 **OutputResult** 和不动点迭代法求根子程序 **FixedP**

```
    Private Sub BtnResult_Click(sender As Object, e As EventArgs) Handles BtnResult.Click
        Dim X As Double, F As Double, K As Integer, Msg As String
        X = Val(EdtX0.Text)
        E1 = Val(EdtE1.Text)
        M = Val(EdtM.Text)
        ShowGuoCheng = CheckBox.Checked
        Msg = ""
        SS = "求解过程: "
        FixedP(X, F, K, Msg)
        If (ShowGuoCheng = True) And (SS <> "") Then
            Memo.Text = SS & vbCrLf
        End If
        If Msg = "" Then
            OutputResult(X, F, K)
        Else
            MessageBox.Show(Msg)
        End If
```

```
        End Sub
```
'不动点迭代法求根子程序 **FixedP**。输入和返回 $X0$、F、迭代次数 K 和迭代过程信息 Msg

```
        Private Sub FixedP(ByRef X0 As Double, ByRef F As Double, ByRef K As Integer,
ByRef Msg As String)
            Dim I As Integer, X1 As Double
            Msg = ""
            F = Func(X0)
            If Abs(F) < E1 Then
                K = 0
                SS = SS + Str(X0) + ";"
                Exit Sub
            End If
            For I = 1 To M
                X1 = Fai(X0)
                F = Func(X1)
                SS = SS + Str(X1) + ";"
                If Abs(X1 - X0) < E1 Or Abs(X1 - F) < E1 Then
                    K = I
                    X0 = X1
                    Exit Sub
                End If
                X0 = X1
            Next
            K = M
            Msg = "牛顿法迭代了" + Str(M) + "次，没有得到符合要求的解"
        End Sub
    End Class
```

求函数 $f(x)$ 值的子程序 **Func(x)**、交换两个变量值的子程序 **SwapXY**、输出求解结果子程序 **OutputResult**、按钮 BtnCurve 的 **Click** 事件代码、按钮 BtnClear 的 **Click** 事件代码，参看"1.1 二分法"。

1.2.3　算例及结果

用不动点迭代法求函数 $f(x) = 2^{-x}-\cos(x)$ 在 5 附近的根。

本算例中，因所求根的近似值满足 $f(x_k) \to 0$，$x+f(x) \to x$，故取不动点迭代公式 $x = x+f(x)$，即 $\varphi(x) = x+f(x) = x+2^{-x}-\cos(x)$。参数输入及求解结果如图 1.6 所示。

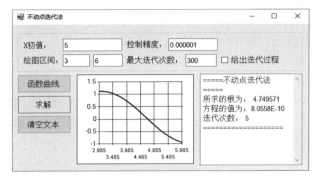

图 1.6　算例的不动点迭代法求解结果

1.3　布伦特方法

布伦特方法是求解区间[a, b]两端点处函数值异号的实函数方程$f(x) = 0$在[a, b]内的一个实根的方法。

1.3.1　算法原理与步骤

布伦特方法兼有二分法和反二次插值的优点，只要函数$f(x)$在方程的有根区间内可求值，其收敛速度就比二分法快且对病态函数也能保证收敛。

设[a, b]为方程$f(x) = 0$的一个有根区间，即$f(a) f(b) < 0$，不妨设$|f(b)| \leq |f(a)|$，则算法步骤为：

（1）取$c = a$，$f(c) = f(a)$。

（2）若$0.5|c-b| < \varepsilon$或$f(b) = 0$，则b点为满足精度要求的根，计算结束；否则，执行下一步。

（3）若$a = c$，则用二分法求出根的新的近似值x；若$a \neq c$，则用(a, $f(a)$)、(b, $f(b)$)、(c, $f(c)$)三点作反二次插值，得到根的新近似值：$X = b+P/Q$。其中，$P = S[T(R-T)(c-b)-(1-R)(b-a)]$，$Q = (T-1)(R-1)(S-1)$，$R = f(b)/f(c)$，$S = f(b)/f(a)$，$T = f(a)/f(c)$。

（4）将原来的b作为新的a，用x代替原来的b。

在上述过程中，b总是当前根的最好的近似值，P/Q为对b的一个微小修正值。当修正值P/Q使新的根的近似值x跑出了区间[c, b]，以及当有根区间用反二次插值计算衰减很慢时，用二分法求根的近似值。

（5）返回（2），重复执行上述步骤；只有当找到了满足精度要求的根或迭代次数已达到给定的最大迭代次数时，上述过程才停止。

用布伦特方法求解非线性方程$f(x)$的算法步骤如下：

步骤1：输入有根区间端点a和b、方程精度$E1$和解精度$E2$、最大迭代次数M。

步骤2：计算$f(x)$在区间[a, b]端点处的函数值$f(a)$和$f(b)$。

步骤3：若$|f(a)| < E1$或$|f(b)| < E1$，则输出a或b，计算结束；否则，往下进行。

步骤 4：若 $f(a)f(b)>0$，则用二分法找到有根区间$[a, b]$，使 $f(a)f(b)<0$。

步骤 5：若$|f(a)|<|f(b)|$，则 $a \leftrightarrow b$，$f(a) \leftrightarrow f(b)$。

步骤 6：取 $c=a$，$f(c)=f(a)$。

对于 $K=1, 2, \cdots, M$，执行步骤 7 至步骤 9。

步骤 7：若$|c-b|/2<E2$ 或 $f(b)<E1$，则 b 为满足精度要求的根，计算结束。

步骤 8：若 $a=c$，则用二分法求一根的新的近似值 X；若 $a \neq c$，则用$(a, f(a))$，$(b, f(b))$，$(c, f(c))$三点作反二次插值，得根的新的近似值：

$$R=f(b)/f(c)，\quad S=f(b)/f(a)，\quad T=f(a)/f(c)$$

$$P=S[T(R-T)(c-b)-(1-R)(b-a)]$$

$$Q=(T-1)(R-1)(S-1)$$

$$X=b+P/Q$$

步骤 9：$a=b$，$b=X$。

步骤 10：输出"布伦特方法已迭代 M 次，没有得到符合要求的解"，停止计算。

1.3.2 算法实现程序

布伦特方法程序界面参见图 1.2。

程序实现的主要代码如下：

```
Imports System.Math
Public Class frmMain
    Dim E1 As Double, E2 As Double, M As Integer, SS As String, ShowGuoCheng As Boolean
    '按钮 BtnResult 的 Click 事件。本过程调用了子程序 SwapXY、输出计算结果子程序 OutputResult 和布伦特方法求根子程序 Brent
    Private Sub BtnResult_Click(sender As Object, e As EventArgs) Handles BtnResult.Click
        Dim X As Double, F As Double, K As Integer, Msg As String, A As Double, B As Double, X0 As Double, X1 As Double
        X0 = Val(EdtX0.Text)
        X1 = Val(EdtX1.Text)
        E1 = Val(EdtE1.Text)
        E2 = Val(EdtE2.Text)
        M = Val(EdtM.Text)
        ShowGuoCheng = CheckBox.Checked
        If X0 > X1 Then SwapXY(X0, X1)
        Msg = ""
```

```
        SS = "求解过程： "
        Brent(X, F, K, Msg, X0, X1)
        If (ShowGuoCheng = True) And (SS <> "") Then
            Memo.Text = Memo.Text + SS & vbCrLf
        End If
        If Msg = "" Then
            OutputResult(X, F, K)
        Else
            MessageBox.Show(Msg)
        End If
    End Sub
```

'布伦特方法求根子程序 **Brent**。使用控制精度 E1 和 E2、最大迭代次数 M，输入根所在区间端点 X0 和 X1，返回方程的近似解 **X**、方程的值 F、迭代次数 K 和迭代过程数据 SS 和消息 Msg

```
    Private Sub Brent(ByRef X As Double, ByRef F As Double, ByRef K As Integer,
ByRef Msg As String, X0 As Double, X1 As Double)
        Dim I As Integer, A, B, C, Fa, Fb, Fc, Xm, D, E, P, Q, R, S, T, Tol, AA
        A = X0 : Fa = Func(A)
        B = X1 : Fb = Func(B)
        If Abs(Fa) < E1 Then
            X = A : F = Fa
            K = 0 : SS = SS + Str(X) + ";"
            Exit Sub
        End If
        If Abs(Fb) < E1 Then
            X = B : F = Fb
            K = 0 : SS = SS + Str(X) + ";"
            Exit Sub
        End If
        If Fa * Fb > 0 Then
        C = (A + B) / 2
            Fc = Func(C)
            If Abs(Fc) < E1 Then
        X = C : F = Fc
        K = 1 : SS = SS + Str(X) + ";"
        Exit Sub
            End If
            If Fa * Fc < 0 Then
```

```
B = C : Fb = Fc
   Else
A = C : Fa = Fc
   End If
End If
K = 1: Fc = Fb
For I = 1 To M
   If Fb * Fc > 0 Then
      C = A : Fc = Fa
      D = B - A : E = D
   End If
   If Abs(Fc) < Abs(Fb) Then
      A = B : B = C : C = A
      Fa = Fb : Fb = Fc : Fc = Fa
   End If
   Xm = 0.5 * (C - B)
   Tol = 2 * E2 * Abs(B) + 0.5 * E1
   If Abs(Xm) < E2 Or Abs(Fb) < E1 Then
      X = B: F = Fb
      SS = SS + Str(X) + ";"
      Exit Sub
   End If
   If Abs(E) > E2 And Abs(Fa) > Abs(Fb) Then
      S = Fb / Fa
      If A = C Then
         P = 2 * Xm * S
         Q = 1 - S
      Else
         Q = Fa / Fc
         R = Fb / Fc
         P = S * (2 * Xm * Q * (Q - R) + (B - A) * (R - 1))
         Q = (Q - 1) * (R - 1) * (S - 1)
      End If
      If P > 0 Then Q = -Q
      P = Abs(P)
      If 3 * Xm * Q - Abs(Tol * Q) < Abs(E * Q) Then
         AA = 3 * Xm * Q - Abs(Tol * Q)
      Else
```

```
                AA = Abs(E * Q)
            End If
            If 2 * P < AA Then
                E = D : D = P / Q
            Else
                D = Xm : E = D
            End If
        Else
            D = Xm : E = D
        End If
        A = B : Fa = Fb
        If Abs(D) > Tol Then
            B = B + D
        Else
            If Xm > = 0 Then
                B = B + Abs(Tol)
            Else
                B = B - Abs(Tol)
            End If
        End If
        X = B: Fb = Func(B)
        F = Fb:
        SS = SS + Str(X) + ";"
        K = K + 1
        Next
        K = M
        Msg = "布伦特方法迭代了" + Str(M) + "次，没有得到符合要求的解"
    End Sub
End Class
```

求函数 $f(x)$ 值的子程序 **Func(X)**、交换两个变量值的子程序 **SwapXY**、输出求解结果子程序 **OutputResult**、按钮 BtnCurve 的 **Click** 事件代码、按钮 BtnClear 的 **Click** 事件代码，参看"1.1 二分法"。

1.3.3 算例及结果

用布伦特方法求函数 $f(x) = 2^{-x} - \cos(x)$ 在区间[4, 6]内的根。

参数输入及求解结果如图 1.7 所示。可以看到，布伦特方法的收敛速度比二分法快很多。

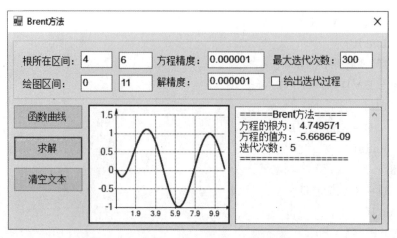

图 1.7　算例的布伦特方法求解结果

1.4　牛顿法

1.4.1　算法原理与步骤

解非线性方程 $f(x) = 0$ 的牛顿法是将非线性方程逐次线性化的一种近似方法，其最大优点是在方程 $f(x) = 0$ 的单根附近具有平方收敛。设 x^* 是 $f(x) = 0$ 的根，选取 x_0 作为 x^* 的近似值。过点 $(x_0, f(x_0))$ 作曲线 $y = f(x)$ 的切线 L_1：$y = f(x_0) + f'(x_0)(x - x_0)$，$L_1$ 与 x 轴交点的横坐标为 $x_1 = x_0 - f(x_0) / f'(x_0)$，称 x_1 为 x^* 的一次近似值；过点 $(x_1, f(x_1))$ 作曲线 $y = f(x)$ 的切线 L_2：$y = f(x_1) + f'(x_1)(x - x_1)$，$L_2$ 与 x 轴交点的横坐标为 $x_2 = x_1 - f(x_1) / f'(x_1)$，称 x_2 为 x^* 的二次近似值；重复以上过程，得 x^* 的近似值序列 $\{x_k\}$。如果序列 $\{x_k\}$ 收敛，则 $x_k \to x^*$（$k \to \infty$）。

若给定 $f(x) = 0$ 的有根区间 $[a, b]$，则可取其中点为 x^* 的初始近似值，即 $x_0 = (a+b)/2$。牛顿法具有二阶收敛速度，其求解非线性方程根的迭代过程如图 1.8 所示。

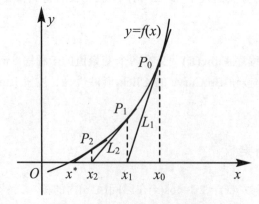

图 1.8　牛顿法迭代求解过程

牛顿法迭代公式为

$$x_{k+1} = x_k - \frac{f(x_k)}{f'(x_k)}$$

用牛顿法求解非线性方程 $f(x) = 0$ 根的算法步骤如下：

步骤 1：输入方程根附近的初始解 x_0、解精度 $E1$ 和方程精度 $E2$、最大迭代次数 M。对于 $K = 1, 2, \cdots, M$，执行步骤 2 和步骤 3。

步骤 2：计算 $f(x_0)$ 和 $f'(x_0)$，$x_1 = x_0 - f(x_0) / f'(x_0)$。

步骤 3：若 $|x_1 - x_0| < E1$ 且 $|f(x_1)| < E2$，输出 x_1 和 $f(x_1)$，计算结束；否则，$x_0 = x_1$，返回到步骤 2。

步骤 4：输出"牛顿法已迭代 M 次，没有得到符合要求的解"，停止计算。

1.4.2 算法实现程序

牛顿法程序界面如图 1.9 所示。

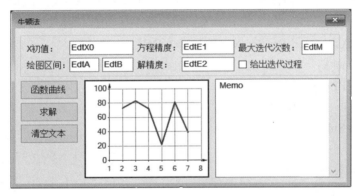

图 1.9　牛顿法程序界面

程序实现的主要代码如下：

```
Imports System.Math
Public Class frmMain
    Dim E1 As Double, E2 As Double, M As Integer, SS As String, ShowGuoCheng As Boolean
```

'求函数 f(x)一阶导数的子程序 **FuncP**

```
    Private Function FuncP(X As Double)
        FuncP = –2 ^ (-X) +Sin(X)
    End Function
```

'按钮 BtnResult 的 **Click** 事件。本过程调用了输出计算结果子程序 **OutputResult** 和牛顿法求根子程序 **Newton**

```
    Private Sub BtnResult_Click(sender As Object, e As EventArgs) Handles BtnResult. Click
        Dim X As Double, F As Double, K As Integer, Msg As String
```

```
X = Val(EdtX0.Text): E1 = Val(EdtE1.Text)
E2 = Val(EdtE2.Text): M = Val(EdtM.Text)
ShowGuoCheng = CheckBox.Checked
Msg = "": SS = "求解过程："
Newton(X, F, K, Msg)
If (ShowGuoCheng = True) And (SS <> "") Then Memo.Text = SS & vbCrLf
If Msg = "" Then
    OutputResult(X, F, K)
Else
    MessageBox.Show(Msg)
End If
End Sub
```

'牛顿法求根子程序 **Newton**。输入初始解 X、控制精度 E1 和 E2、最大迭代次数 M，返回根的近似解 X、方程的值 F、迭代次数 K、迭代过程数据 SS 和消息 Msg

```
Private Sub Newton(ByRef X As Double, ByRef F As Double, ByRef K As Integer,
ByRef Msg As String)
Dim I As Integer, Fp, X1, X2, Fp1, Fp2, DX
F = Func(X)
If Abs(F) < E1 Then
    K = 0: SS = SS + Str(X) + ";"
    'Exit Sub
End If
For I = 1 To M
    Fp = FuncP(X)
    Do While Abs(Fp) < = 0.00000001    '防止切线为水平线
        X1 = 0.99 * X: X2 = 1.01 * X
        Fp1 = FuncP(X1): Fp2 = FuncP(X2)
        If Abs(Fp1) > Abs(Fp2) Then
            X = X1: Fp = Fp1
        Else
            X = X2: Fp = Fp2
        End If
    Loop
    DX = Func(X) / Fp
    X = X – DX: F = Func(X)
    SS = SS + Str(X) + ";"
    If Abs(DX) < E2 And Abs(F) < E1 Then
        K = I
```

```
        Exit Sub
      End If
    Next
    K = M
    Msg = "牛顿法迭代了" + Str(M) + "次，没有得到符合要求的解"
  End Sub
End Class
```

求函数 $f(x)$ 值的子程序 **Func(X)**、交换两个变量值的子程序 **SwapXY**、输出求解结果子程序 **OutputResult**、按钮 BtnCurve 的 **Click** 事件代码、按钮 BtnClear 的 **Click** 事件代码，参看"1.1 二分法"。

1.4.3　算例及结果

用牛顿法求函数 $f(x) = 2^{-x} - \cos(x)$ 在 5 附近的根。

参数输入及求解结果如图 1.10 所示。图 1.10 所示为包含迭代中间过程的求解结果。

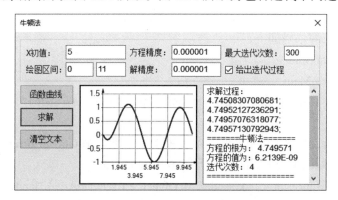

图 1.10　算例的牛顿法求解结果

1.5　牛顿下山法

1.5.1　算法原理与步骤

牛顿法只有局部收敛性，采用牛顿法求解非线性方程的根时，对初始值的选取要求较高，如果初始解近似值 x_0 偏离准确解 x^* 较远，则牛顿法可能发散。牛顿下山法是牛顿法的一种变形，它是为减弱牛顿法对初始解近似值 x_0 的限制而提出的一种算法。

牛顿下山法迭代公式为

$$x_{k+1} = x_k - \lambda \frac{f(x_k)}{f'(x_k)}$$

其中，λ 为下山因子，由条件 $|f(x_{k+1})| < |f(x_k)|$ 确定。如果条件 $|f(x_{k+1})| < |f(x_k)|$ 成立，则

取 $\lambda = 1$(此时为牛顿法,可保证较快的收敛速度);否则,λ 减半,直到条件 $|f(x_{k+1})| < |f(x_k)|$ 成立。本方法的迭代序列是大范围收敛的,但总体收敛速度是线性的。

若给定 $f(x) = 0$ 的有根区间 $[a, b]$,则可取其中点为 x^* 的初始近似值,即 $x_0 = (a+b)/2$。

用牛顿下山法求解非线性方程 $f(x) = 0$ 根的算法步骤如下:

步骤 1:输入方程根附近的初始解 x_0、解精度 $E1$ 和方程精度 $E2$、最大迭代次数 M。对于 $K = 1, 2, \cdots, M$,执行步骤 2 至步骤 5。

步骤 2:计算 $f(x_0)$ 和 $f'(x_0)$,取 $\lambda = 1$。

步骤 3:计算 $x_1 = x_0 - \lambda f(x_0) / f'(x_0)$ 和 $f(x_1)$。

步骤 4:若 $|f(x_1)| \geqslant |f(x_0)|$,则 $\lambda = 0.5\lambda$,返回到步骤 3;否则,向下进行。

步骤 5:若 $|x_1 - x_0| < E1$ 且 $|f(x_1)| < E2$,输出 x_1 和 $f(x_1)$,计算结束;否则,$x_0 = x_1$,返回到步骤 2。

步骤 6:输出"牛顿下山法已迭代 M 次,没有得到符合要求的解",停止计算。

1.5.2 算法实现程序

牛顿下山法程序界面参见图 1.9。

程序实现的主要代码如下:

```
Imports System.Math
Public Class frmMain
    Dim E1 As Double, E2 As Double, M As Integer, SS As String, ShowGuoCheng As Boolean
    '按钮 BtnResult 的 Click 事件。本过程调用了子程序 GetParameters、输出计算结果子程序 OutputResult 和牛顿法求根子程序 NewtonDown
    Private Sub BtnResult_Click(sender As Object, e As EventArgs) Handles BtnResult. Click
        Dim X As Double, F As Double, K As Integer, Msg As String
        X = Val(EdtX0.Text)
        E1 = Val(EdtE1.Text)
        E2 = Val(EdtE2.Text)
        M = Val(EdtM.Text)
        ShowGuoCheng = CheckBox.Checked
        Msg = "": SS = "求解过程:"
        NewtonDown(X, F, K, Msg)
        If (ShowGuoCheng = True) And (SS <> "") Then
            Memo.Text = SS & vbCrLf
        End If
        If Msg = "" Then
            OutputResult(X, F, K)
        Else
```

```
            MessageBox.Show(Msg)
        End If
    End Sub
```

'牛顿下山法求根子程序 **NewtonDown**。输入初始解 X、控制精度 E1 和 E2、最大迭代次数 M，返回根的近似解 X、方程的值 F、迭代次数 K 和迭代过程数据 SS 和消息 Msg

```
    Private Sub NewtonDown(ByRef X As Double, ByRef F As Double, ByRef K As
Integer, ByRef Msg As String)
        Dim I As Integer, Fp, X1, X2, Fp1, Fp2, DX, Lmd, F0
        Msg = ""
        F = Func(X)
        If Abs(F) < E1 Then
            K = 0
            SS = SS + Str(X) + ";"
            Exit Sub
        End If
        For I = 1 To M
            Fp = FuncP(X)
            Do While Abs(Fp) < = 0.00000001    '防止切线为水平线
                X1 = 0.99 * X: X2 = 1.01 * X
                Fp1 = FuncP(X1): Fp2 = FuncP(X2)
                If Abs(Fp1) > Abs(Fp2) Then
                    X = X1: Fp = Fp1
                Else
                    X = X2: Fp = Fp2
                End If
            Loop
            F0 = Func(X): DX = F0 / Fp
            Lmd = 1
1:X = X - Lmd * DX
            F = Func(X)
            If Abs(F) > = Abs(F0) Then
                Lmd = 0.5 * Lmd
                GoTo 1
            End If
            SS = SS + Str(X) + ";"
            If Abs(DX) < E2 And Abs(F) < E1 Then
                K = I
```

```
            Exit Sub
        End If
    Next
    K = M
    Msg = "牛顿下山法迭代了" + Str(M) + "次，没有得到符合要求的解"
    End Sub
End Class
```

求函数 $f(x)$ 值的子程序 **Func(X)**、交换两个变量值的子程序 **SwapXY**、输出求解结果子程序 **OutputResult**、按钮 BtnCurve 的 **Click** 事件代码、按钮 BtnClear 的 **Click** 事件代码，参看"1.1 二分法"；求函数 $f(x)$ 一阶导数的子程序 **FuncP**，参看"1.4 牛顿法"。

1.5.3　算例及结果

用牛顿下山法求函数 $f(x) = 2^{-x} - \cos(x)$ 在 5 附近的根。

参数输入及求解结果如图 1.11 所示。图 1.11 所示为包含迭代中间过程的求解结果。

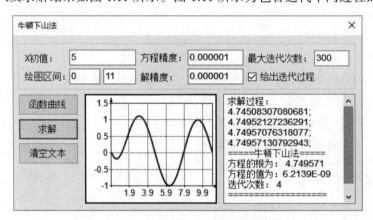

图 1.11　算例的牛顿下山法求解结果

1.6　牛顿-拉斐森法

1.6.1　算法原理与步骤

牛顿-拉斐森法是牛顿法和二分法的结合。牛顿法迭代公式为 $x_{k+1} = x_k - f(x_k) / f'(x_k)$，当初始解近似值 x_0 距离准确解 x^* 较近时，牛顿法具有二阶收敛速度；反之，当初始解近似值 x_0 偏离准确解 x^* 较远时，则牛顿法可能发散。设 $f(x) = 0$ 的有根区间为 $[a, b]$，取其中点为 x^* 的初始近似值，即 $x_0 = (a+b)/2$。设已求得 x^* 的一个近似值 x_k，用牛顿迭代公式求出 x_{k+1}，如果 x_{k+1} 不在有根区间内或区间长度缩小的过慢时，改用二分法求 x_{k+1}。迭代过程一直进行到迭代次数达到给定的最大迭代次数或求得满足精度要求的根为止。

x_{k+1} 在有根区间外可表示为 $DX = |x_{k+1} - x_k| = |f(x_k)/f'(x_k)| > 0.5DX0$，其中 $DX0$ 为原有根区间的长度，DX 为 x^* 新的近似值与原近似值之间的距离。

用牛顿-拉斐森法求解非线性方程 $f(x) = 0$ 根的算法步骤如下：

步骤 1：输入有根区间端点 a 和 b、方程精度 $E1$ 和解精度 $E2$、最大迭代次数 M。

步骤 2：计算 $f(x)$ 在区间 $[a, b]$ 端点处的函数值 $f(a)$ 和 $f(b)$。

步骤 3：若 $|f(a)| < E1$ 或 $|f(b)| < E1$，则输出 a 或 b，计算结束；否则，往下进行。

步骤 4：计算 $f(x)$ 在区间中点 $x = (a+b)/2$ 处的值 $f(x)$ 和 $f'(x)$。

步骤 5：若 $|f(x)| < E1$，则输出 x 和 $f(x)$，计算结束；否则，确定新的有根区间端点 x_L、x_H，且 $f(x_L) < 0$，计算 $DX = x_H - x_L$，$DX0 = DX$，往下进行。

对于 $K = 1, 2, \cdots, M$，执行步骤 6 至步骤 7。

步骤 6：若 x 在新的有根区间之内，且收敛速度较快，用牛顿法迭代求出新的 x、$DX = f(x)/f'(x)$，若 $|DX| < E2$，则输出 x 和 $f(x)$，计算结束；否则，对原有根区间采用二分法，求出新的 $x = 0.5(x_H + x_L)$、$DX = 0.5(x_H - x_L)$，若 $|DX| < E2$ 或 $|f(x)| < E1$，则输出 x 和 $f(x)$，计算结束，否则，向下进行。

步骤 7：$DX0 = DX$，确定新的有根区间端点 x_L，x_H，且 $f(x_L) < 0$。

步骤 8：输出"牛顿-拉斐森法已迭代 M 次，没有得到符合要求的解"，停止计算。

1.6.2　算法实现程序

牛顿-拉斐森法程序界面参看图 1.2。程序实现的主要代码如下：

```
Imports System.Math
Public Class frmMain
    Dim E1 As Double, E2 As Double, M As Integer, SS As String, ShowGuoCheng As Boolean
    '按钮 BtnResult 的 Click 事件。本过程调用了子程序 GetParameters、输出计算结果子程序 OutputResult 和牛顿法求根子程序 NewtonDown
    Private Sub BtnResult_Click(sender As Object, e As EventArgs) Handles BtnResult.Click
        Dim X As Double, F As Double, K As Integer, Msg As String
        X = Val(EdtX0.Text)
        E1 = Val(EdtE1.Text)
        E2 = Val(EdtE2.Text)
        M = Val(EdtM.Text)
        ShowGuoCheng = CheckBox.Checked
        Msg = "": SS = "求解过程："
        NewtonDown(X, F, K, Msg)
        If (ShowGuoCheng = True) And (SS <> "") Then Memo.Text = SS & vbCrLf
        If Msg = "" Then
```

```
        OutputResult(X, F, K)
    Else
        MessageBox.Show(Msg)
    End If
End Sub
```

'牛顿-拉斐森法求根子程序 **NewtonRaphson**。输入初始解 X、控制精度 E1 和 E2、最大迭代次数 M，返回根的近似解 X、方程的值 F、迭代次数 K、迭代过程数据 SS 和消息 Msg

```
Private Sub NewtonRaphson (ByRef X As Double, ByRef F As Double, ByRef K As
Integer, ByRef Msg As String)
    Dim I As Integer, FL, FH, XL, XH, DX, Fp, DXOLD, Tem
    FL = Func(X0) : FH = Func(X1)
    If Abs(FL) < E1 Then
        X = X0 : F = FL
        K = 0 : SS = SS + Str(X) + ";"
        Exit Sub
    End If
    If Abs(FH) < E1 Then
        X = X1 : F = FH
        K = 0 : SS = SS + Str(X) + ";"
        Exit Sub
    End If
    If FL * FH > 0 Then
        X = 0.5 * (X0 + X1)
        F = Func(X)
        If Abs(F) < E1 Then
            K = 0 : SS = SS + Str(X) + ";"
            Exit Sub
        End If
        If FL * F > 0 Then
            X0 = X : FL = F
        Else
            X1 = X : FH = F
        End If
    End If
    If FL < 0 Then
        XL = X0 : XH = X1
    Else
```

```
        XL = X1 : XH = X0
        SwapXY(FL, FH)
      End If
      X = 0.5 * (X0 + X1) : F = Func(X) : Fp = FuncP(X)
      DXOLD = Abs(X1 - X0) : DX = DXOLD
      For I = 1 To M
        Tem = (X - XH) * Fp - F * ((X - XL) * Fp - F)
        If Tem > = 0 Or Abs(2 * F) > Abs(DXOLD * Fp) Then
          '二分法
          DXOLD = DX : DX = 0.5 * (XH - XL)
          X = XL + DX : F = Func(X)
          If Abs(DX) < E2 And Abs(F) < E1 Then
            K = I : SS = SS + Str(X) + ";"
            Exit Sub
          End If
        Else
          '牛顿法
          DXOLD = DX : DX = F / Fp
          X = X - DX : F = Func(X)
          If Abs(DX) < E2 And Abs(F) < E1 Then
            K = I : SS = SS + Str(X) + ";"
            Exit Sub
          End If
        End If
        If F < 0 Then
          XL = X : FL = F
        Else
          XH = X : FH = F
        End If
        SS = SS + Str(X) + ";"
      Next
      K = M
      Msg = "牛顿-拉斐森法迭代了" + Str(M) + "次，没有得到符合要求的解"
    End Sub
  End Class
```

求函数 f(x) 值的子程序 **Func(X)**、交换两个变量值的子程序 **SwapXY**、输出求解结果子程序 **OutputResult**、按钮 BtnCurve 的 **Click** 事件代码、按钮 BtnClear 的 **Click** 事件代码，参看"1.1 二分法"；求函数 f(x) 一阶导数的子程序 **FuncP**，参看"1.4 牛顿法"。

1.6.3 算例及结果

用牛顿-拉斐森法求函数 $f(x) = 2^{-x}-\cos(x)$ 在 5 附近的根。

参数输入及求解结果如图 1.12 所示。图 1.12 所示为包含迭代中间过程的求解结果。

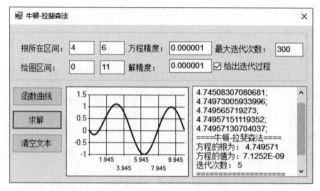

图 1.12 算例的牛顿-拉斐森法求解结果

1.7 割线法

1.7.1 算法原理与步骤

在牛顿法和牛顿下山法中，需要计算函数 $y = f(x)$ 的一阶导数，当 $f(x)$ 的表达式很复杂或 $f'(x)$ 计算困难时，这两种方法的应用存在不便。割线法（又称弦割法、弦法），是基于牛顿法的一种改进算法，其基本思想是用弦的斜率近似代替目标函数的切线斜率，并用割线与横轴交点的横坐标作为方程根的近似，避免牛顿法和牛顿下山法中函数导数的计算。

经过两点 $(x_{k-1}, f(x_{k-1}))$ 和 $(x_k, f(x_k))$ 的直线方程为 L：$y = f(x_k) + \lambda(x - x_{k-1})$，其中 λ 为 L 的斜率，$\lambda = [f(x_k) - f(x_{k-1})]/(x_k - x_{k-1})$，$L$ 与 x 轴交点的横坐标为 $x_{k+1} = x_k - f(x_k)/\lambda$；重复此过程，得 x^* 的近似值序列 $\{x_k\}$。如果序列 $\{x_k\}$ 收敛，则 $x_k \to x^*$（$k \to \infty$）。割线法求解非线性方程 $f(x) = 0$ 根的迭代过程如图 1.13 所示。

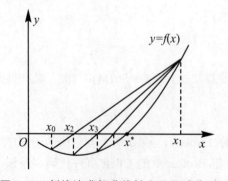

图 1.13 割线法求解非线性方程的迭代过程

割线法迭代公式为

$$x_{k+1} = x_k - \frac{f(x_k)}{f(x_k) - f(x_{k-1})}(x_k - x_{k-1})$$

用割线法求解非线性方程 $f(x) = 0$ 根的算法步骤如下：

步骤 1：输入初始解区间端点 x_0 和 x_1、解精度 $E1$ 和方程精度 $E2$、最大迭代次数 M。对于 $K = 1, 2, \cdots, M$，执行步骤 2、步骤 3。

步骤 2：计算 $f(x_0)$ 和 $f(x_1)$，$x_2 = x_1 - \frac{f(x_1)}{f(x_1) - f(x_0)}(x_1 - x_0)$。

步骤 3：若 $|x_2 - x_1| < E1$ 且 $|f(x_2)| < E2$，输出 x_2 和 $f(x_2)$，计算结束；否则，若 $f(x_0)f(x_2) < 0$，则 $x_1 = x_2$，返回到步骤 2；若 $f(x_1)f(x_2) < 0$，则 $x_0 = x_2$，返回到步骤 2。

步骤 4：输出"割线法已迭代 M 次，没有得到符合要求的解"，停止计算。

1.7.2　算法实现程序

割线法程序界面参见图 1.2。

程序实现的主要代码如下：

```
Imports System.Math
Public Class frmMain
    Dim E1 As Double, E2 As Double, M As Integer, SS As String, ShowGuoCheng As Boolean
    '按钮 BtnResult 的 Click 事件。本过程调用了输出计算结果子程序 OutputResult
和割线法求根子程序 GeXian
    Private Sub BtnResult_Click(sender As Object, e As EventArgs) Handles BtnResult.Click
        Dim X As Double, F As Double, X0 As Double, X1 As Double, K As Integer, Msg As String
        X0 = Val(EdtX0.Text)
        X1 = Val(EdtX1.Text)
        E1 = Val(EdtE1.Text)
        E2 = Val(EdtE2.Text)
        M = Val(EdtM.Text)
        ShowGuoCheng = CheckBox.Checked
        If X0 > X1 Then SwapXY(X0, X1)
        Msg = ""
        SS = "迭代过程："
        GeXian(X, F, K, Msg, X0, X1)
        If (ShowGuoCheng = True) And (SS <> "") Then
            Memo.Text = SS & vbCrLf
```

```vbnet
    End If
    If Msg = "" Then
        OutputResult(X, F, K)
    Else
        MessageBox.Show(Msg)
    End If
End Sub
```

'割线法求根子程序 **GeXian**。输入根所在区间端点 X0 和 X1、控制精度 E1 和 E2、最大迭代次数 M，返回根的近似解 X、方程的值 F、迭代次数 K、迭代过程数据 Str 和消息 Msg

```vbnet
Private Sub GeXian(ByRef X As Double, ByRef F As Double, ByRef K As Integer,
ByRef Msg As String, X0 As Double, X1 As Double)
    Dim I As Integer, C As Double, F0 As Double, F1 As Double, Fc As Double, Dx As Double
    F0 = Func(X0)
    If Abs(F0) < E1 Then
        X = X0: F = F0
        K = 0: SS = SS + Str(X0) + ";"
        Exit Sub
    End If
    F1 = Func(X1)
    If Abs(F1) < E1 Then
        X = X1: F = F1
        K = 0: SS = SS + Str(X1) + ";"
        Exit Sub
    End If
    For I = 1 To M
        Do While Abs(F1 - F0) < 0.00000001        '防止割线与横轴平行
            If X1 > X0 Then
                X0 = X0 + (X1 - X0) / 5
                F0 = Func(X0)
            Else
                X1 = X1 + (X0 - X1) / 5
                F1 = Func(X1)
            End If
        Loop
        If Abs(F0) < Abs(F1) Then
            SwapXY(X0, X1)
            SwapXY(F0, F1)
```

```
        End If
        Dx = F1 * (X1 - X0) / (F1 - F0)
        C = X1 - Dx: Fc = Func(C)
        SS = SS + Str(C) + ";"
        If Abs(Dx) < E2 And Abs(Fc) < E1 Then
            X = C: F = Fc
            K = I:
            Exit Sub
        End If
        If F0 * Fc < 0 Then
            X1 = C: F1 = Fc
        Else
            X0 = C: F0 = Fc
        End If
    Next
    K = M
    Msg = "割线法迭代了" + Str(M) + "次，没有得到符合要求的解"
    End Sub
End Class
```

求函数 $f(x)$ 值的子程序 **Func(X)**、交换两个变量值的子程序 **SwapXY**、输出求解结果子程序 **OutputResult**、按钮 BtnCurve 的 **Click** 事件代码、按钮 BtnClear 的 **Click** 事件代码，参看"1.1 二分法"。

1.7.3　算例及结果

用割线法求函数 $f(x) = 2^{-x} - \cos(x)$ 在区间[4, 6]内的根。

参数输入及求解结果如图 1.14 所示。按照"1.4 牛顿法"介绍的方法，输入 x 的两个初始值 4 和 6，然后进行计算。图 1.14 所示为包含迭代中间过程的求解结果。

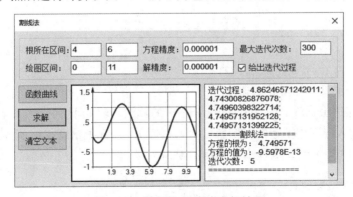

图 1.14　算例的割线法求解结果

1.8 埃特金加速法

1.8.1 算法原理与步骤

将方程 $f(x) = 0$ 变换为不动点迭代格式 $x = \varphi(x)$ 的形式，若将不动点迭代法和割线法结合使用，便可得到埃特金加速法。该方法往往可以改善迭代的收敛性或加速迭代的收敛过程。令 x_k 是 $x = \varphi(x)$ 的一个近似解，应用一般迭代公式，可得 $y_k = \varphi(x_k)$ 和 $z_k = \varphi(y_k)$。在曲线 $y = \varphi(x)$ 上，过点 $P_1(x_k, y_k)$ 和 $P_2(y_k, z_k)$ 连线，该直线的两点式方程为

$$\frac{z_k - y_k}{y_k - x_k} = \frac{y - y_k}{x - x_k}$$

方程 $x = \varphi(x)$ 的解即曲线 $y = \varphi(x)$ 与直线 $y = x$ 交点的横坐标。以过点 P_1 和 P_2 的割线代替曲线 $y = \varphi(x)$，则该割线与直线 $y = x$ 的交点 P 的横坐标 x_{k+1} 便可作为 $x = \varphi(x)$ 的一个近似解，如图 1.15 所示。

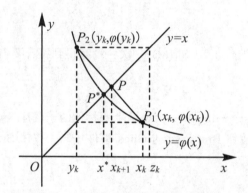

图 1.15   埃特金加速法求根示意图

将 $y = x$ 代入割线方程有

$$\frac{z_k - y_k}{y_k - x_k} = \frac{x - y_k}{x - x_k}$$

由此得埃特金迭代公式

$$x_{k+1} = \frac{x_k z_k - y_k^2}{z_k - 2y_k + x_k} = x_k - \frac{(y_k - x_k)^2}{z_k - 2y_k + x_k}$$

其中：$y_k = \varphi(x_k)$；$z_k = \varphi(y_k)$。

埃特金加速法具有二阶收敛速度。

用埃特金加速法求解非线性方程 $x = \varphi(x)$ 根的算法步骤如下：

步骤 1：输入方程根附近的初始解 x_0、解精度 $E1$ 和方程精度 $E2$、最大迭代次数 M。对于 $K = 0, 1, \cdots, M$，执行步骤 2 至步骤 3。

步骤 2：计算 $y = \varphi(x_0)$，$z = \varphi(y)$，$x = x_0 - \dfrac{(y - x_0)^2}{z - 2y + x_0}$。

步骤 3：若 $|x-x_0|<E1$ 且 $|f(x)|<E2$，输出 x 和 $f(x)$，计算结束；否则，$x_0=x$，返回到步骤 2。

步骤 4：输出"埃特金加速法已迭代 M 次，没有得到符合要求的解"，停止计算。

1.8.2 算法实现程序

埃特金加速法程序界面参见图 1.9。

程序实现的主要代码如下：

```
Imports System.Math
Public Class frmMain
    Dim E1 As Double, E2 As Double, M As Integer, SS As String, ShowGuoCheng As Boolean
    '不动点迭代函数φ(x)的表达式
    Private Function Fai(X As Double)
        Fai = X + Func(X)
    End Function
    '按钮 BtnResult 的 Click 事件。本过程调用了输出计算结果子程序 OutputResult 和埃特金加速法求根子程序 Aitken
    Private Sub BtnResult_Click(sender As Object, e As EventArgs) Handles BtnResult.Click
        Dim X As Double, F As Double, K As Integer, Msg As String
        X = Val(EdtX0.Text):E1 = Val(EdtE1.Text)
        E2 = Val(EdtE2.Text):M = Val(EdtM.Text)
        ShowGuoCheng = CheckBox.Checked
        Msg = "":SS = "求解过程："
        Aitken(X, F, K, Msg)
        If (ShowGuoCheng = True) And (SS <> "") Then
            Memo.Text = SS & vbCrLf
        End If
        If Msg = "" Then
            OutputResult(X, F, K)
        Else
            MessageBox.Show(Msg)
        End If
    End Sub
    '埃特金加速法求根子程序 Aitken。输入初始解 X、控制精度 E1 和 E2、最大迭代次数 M，返回根的近似解 X、方程的值 F、迭代次数 K、迭代过程数据 SS 和消息 Msg
    Private Sub Aitken(ByRef X As Double, ByRef F As Double, ByRef K As Integer,
```

```vb
ByRef Msg As String)
    Dim I As Integer, Y, Z, DX
    Msg = "":F = Func(X)
    If Abs(F) < E1 Then
        K = 0: SS = SS + Str(X) + ";"
        Exit Sub
    End If
    K = 1
    For I = 1 To M
1:Y = Fai(X)
    Z = Fai(Y): DX = Z - 2 * Y +X
    If Abs(DX) < E2 Then        '防止迭代公式中分式的分母过小
        F = Func(X)
        If Abs(F) < = E1 Then
            SS = SS + Str(X) + ";"
            Exit Sub
        Else
            If X > Y Then
                X = 0.99 * X
            Else
                X = 1.01 * X
            End If
            K = K + 1
            GoTo 1
        End If
    Else
        DX = (Y - X) ^ 2 / DX
    End If
    X = X - DX:F = Func(X)
    SS = SS + Str(X) + ";"
    If Abs(DX) < E2) And Abs(F) < E1) Then
        Exit Sub
    End If
    K = K + 1
    Next
    K = M
    Msg = "埃特金加速迭代了" + Str(M) + "次，没有得到符合要求的解"
End Sub
```

End Class

求函数 $f(x)$ 值的子程序 **Func(X)**、交换两个变量值的子程序 **SwapXY**、输出求解结果子程序 **OutputResult**、按钮 BtnCurve 的 **Click** 事件代码、按钮 BtnClear 的 **Click** 事件代码，参看"1.1 二分法"。

1.8.3 算例及结果

用埃特金加速法求函数 $f(x) = 2^{-x} - \cos(x)$ 在 5 附近的根。

参数输入及求解结果如图 1.16 所示。按照"1.4 牛顿法"介绍的方法，根据曲线与横轴交点的位置，输入 x 的初始值 5，然后进行计算。图 1.16 所示为包含迭代中间过程的求解结果。

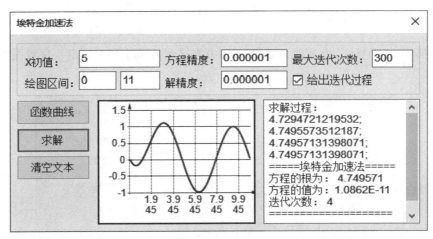

图 1.16　算例的埃特金加速法求解结果

1.9　逐步扫描法确定根区间

1.9.1 算法原理与步骤

设非线性方程 $f(x) = 0$ 在区间 $[a, b]$ 上连续，且有多个零点。将区间 $[a, b]$ 分为 N 个合适的小区间 $[x_i, x_{i+1}]$ $(i = 0, 1, \cdots, N-1)$，如果 $f(x_i) = 0$，则 x_i 为方程的根；如果 $f(x_{i+1}) = 0$，则 x_{i+1} 为方程的根；如果 $f(x_i) f(x_{i+1}) > 0$，则区间 (x_i, x_{i+1}) 不包含方程的根，则直接跳到下一个小区间，判断其是否有根；若区间 (x_i, x_{i+1}) 包含方程的根，则调用某个迭代法求出方程在区间 (x_i, x_{i+1}) 内的根。

用逐步扫描法确定非线性方程 $f(x)$ 的有根区间并求解其根的算法步骤如下：

步骤 1：输入区间端点 a 和 b、区间等分数 N、解精度 $E1$ 和方程精度 $E2$、最大迭代次数 M。

步骤 2：将区间 $[a, b]$ N 等分，确定小区间长度 H：$H = (b-a)/N$。

对于 $i = 0, 2, \cdots, N-1$，执行步骤 3 至步骤 5。

步骤 3：$x_i = a+i*H$，$x_{i+1} = a+(i+1)*H = x_i+H$，计算 $f(x_i)$，$f(x_{i+1})$。

步骤 4：若 $|f(x_i)|<E2$，则输出 x_i 和 $f(x_i)$，转到步骤 3；若 $|f(x_{i+1})|<E2$，则输出 x_{i+1} 和 $f(x_{i+1})$，转到步骤 3；若 $f(x_i)f(x_{i+1})<0$，则区间 (x_i, x_{i+1}) 内有根，转到步骤 5；否则，转到步骤 3。

步骤 5：选用某种求解方法，求出方程在区间 (x_i, x_{i+1}) 内根的近似值 X，输出 X 和 $f(X)$。

步骤 6：输出"没有找到符合要求的解！"，停止计算。

说明：如果调用的求解方法是二分法、布伦特方法或割线法，则可直接将 x_i，x_{i+1} 作为子区间的端点或初始点；如果调用的是牛顿法、牛顿下山法或埃特金加速法，则可取区间 (x_i, x_{i+1}) 的中点 $(x_i + x_{i+1})/2$ 或区间内任一点作为初始解 x_0。

1.9.2　算法实现程序

"扫描法+求解算法"求非线性方程 $f(x) = 0$ 在区间 $[a, b]$ 上所有根的程序界面如图 1.17 所示。

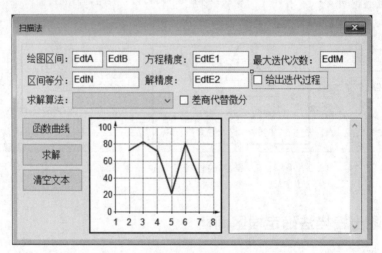

图 1.17　"扫描法+求解算法"程序界面

程序实现的主要代码如下：

```
Imports System.Math
Public Class frmMain
    Dim E1 As Double, E2 As Double, M As Integer, SS As String, ShowGuoCheng As Boolean, ChaShang As Boolean
    '求函数 f(x) 一阶导数的子程序 FuncP
    Private Function FuncP(X As Double)
        If ChaShang Then
            FuncP = 500 * (Func(X + 0.001) - Func(X - 0.001))    '三点差商代替微分
            Exit Function
```

```vb
        Else
            '这里写入具体的函数表达式
                FuncP = -2 ^ (-X) +Sin(X)
            End If
        End Function
    '不动点迭代式，可不修改
        Private Function Fai(X As Double)
            Fai = X + Func(X)
        End Function
    '下拉列表框 Methods 的 TextChanged 事件。
        Private Sub Methods_TextChanged(sender As Object, e As EventArgs) Handles
Methods.TextChanged
            If (Methods.Text = "牛顿法") Or (Methods.Text = "牛顿下山法") Then
                ChkCS.Visible = True
            Else
                ChkCS.Visible = False
            End If
        End Sub
    '输出求解结果子程序 OutputResult。输出根的近似值 X、方程的值 F 和迭代次数 K
        Private Sub OutputResult(X As Double, F As Double, K As Integer)
            With Memo
                .Text = .Text & " ==扫描法+" + Methods.Text + "==" & vbCrLf
                If ShowGuoCheng And SS <> "" Then
                    .Text = .Text & "迭代过程值：" + SS & vbCrLf
                End If
                .Text = .Text & "方程的根为：" + Str(Round(X / E2) * E2) & vbCrLf
                .Text = .Text & "方程的值为：" + Format(F, "0.####E+00") & vbCrLf
                .Text = .Text & "迭代次数：" & Str(K) & vbCrLf
                .Text = .Text & "====================" & vbCrLf
            End With
        End Sub
    '按钮 BtnResult 的 Click 事件。本过程调用了子程序 GetParameters、GetAandB、
输出计算结果子程序 OutputResult 和埃特金加速法求根子程序 Aitken
        Private Sub BtnResult_Click(sender As Object, e As EventArgs) Handles BtnResult.Click
            Dim K As Integer, N As Integer, I As Integer, MethodInd As Integer, Msg As String
            Dim A As Double, B As Double, X As Double, F As Double, X1, X2, F1, F2, H
            A = Val(EdtA.Text): B = Val(EdtB.Text)
            N = Val(EdtN.Text): E1 = Val(EdtE1.Text)
```

```
E2 = Val(EdtE2.Text): M = Val(EdtM.Text)
ShowGuoCheng = CheckBox.Checked
ChaShang = ChkCS.Checked
MethodInd = Methods.Items.IndexOf(Methods.Text)
If MethodInd < 0 Then
    MessageBox.Show("请选择求解算法！")
    Exit Sub
End If
If A > B Then SwapXY(A, B)
H = (B - A) / N
For I = 0 To N - 1
    X1 = A + I * H: X2 = X1 + H
    F1 = Func(X1): F2 = Func(X2)
    Msg = "": SS = ""
    If IsZero(F1, E1) Then
        SS = SS + Str(X1): OutputResult(X1, F1, 0)
        Continue For
    End If
    If IsZero(F2, E1) Then
        SS = SS + Str(X2): OutputResult(X2, F2, 0)
        Continue For
    End If
    If F1 * F2 > 0 Then Continue For
    If MethodInd = 0 Then
        ErFen(X, F, K, Msg, X1, X2)
    ElseIf MethodInd = 1 Then
        GeXian(X, F, K, Msg, X1, X2)
    ElseIf MethodInd = 2 Then
        Brent(X, F, K, Msg, X1, X2)
    ElseIf MethodInd = 3 Then
        X = X1 + 0.5 * H: NewTon(X, F, K, Msg)
    ElseIf MethodInd = 4 Then
        X = X1 + 0.5 * H: NewTonDown(X, F, K, Msg)
    ElseIf MethodInd = 5 Then
        X = X1 + 0.5 * H: Aitken(X, F, K, Msg)
    End If
    If Msg = "" Then OutputResult(X, F, K)
Next
```

End Sub

End Class

求函数 $f(x)$值的子程序 **Func(X)**、交换两个变量值的子程序 **SwapXY**、按钮 BtnCurve 的 **Click** 事件代码、按钮 BtnClear 的 **Click** 事件代码，参看"1.1 二分法"；子程序 **ERFEN**，参看"1.1 二分法"；子程序 **BRENT**，参看"1.3 布伦特方法"；子程序 **Newton**，参看"1.4 牛顿法"；子程序 **NewtonDown**，参看"1.5 牛顿下山法"；子程序 **GeXian**，参看"1.7 割线法"；子程序 **AitKen**，参看"1.8 埃特金加速法"。

1.9.3 算例及结果

求函数 $f(x) = 2^{-x} - \cos(x)$在区间[0, 11]内的所有根。

函数 $f(x)$在区间[0, 11]内的曲线图形、参数输入及"扫描法+埃特金加速法"计算结果如图 1.18 所示。从图 1.18 看出，$f(x)$在区间[0, 11]内共有 5 个根。计算得到方程 5 个根的近似值及相应的函数值和迭代次数如下：

方程的根：0；方程的值：0；迭代次数：0

方程的根：1.076925；方程的值：2.0758E-07；迭代次数：3

方程的根：4.749571；方程的值：1.1868E-08；迭代次数：3

方程的根：7.849646；方程的值：1.7347E-17；迭代次数：2

方程的根：10.996064；方程的值：1.8941E-15；迭代次数：4

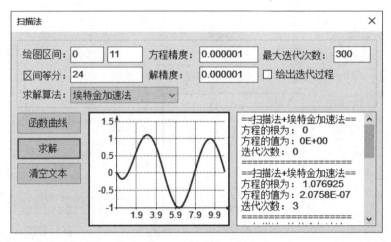

图 1.18 算例函数在区间[0, 11]内的曲线图形及"扫描法+埃特金加速法"求解结果

图 1.19 所示为"扫描法+布伦特方法"的计算结果，详细求解结果如下：

方程的根：0；方程的值：0；迭代次数：0

方程的根：1.076925；方程的值：9.8933E-08；迭代次数：4

方程的根：4.749571；方程的值：1.8545E-07；迭代次数：3

方程的根：7.849646；方程的值：−1.167E-07；迭代次数：3

方程的根：10.996064；方程的值：−1.2975E-10；迭代次数：3

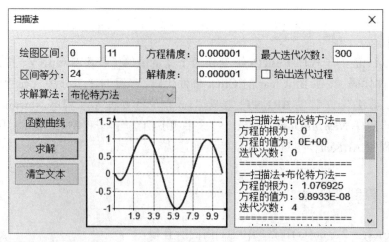

图 1.19　算例函数在区间[0, 11]内的曲线图形及"扫描法+布伦特方法"求解结果

图 1.20 所示为"扫描法+牛顿法+差商代替微分"的计算结果，详细求解结果如下：
方程的根：0；方程的值：0E+00；迭代次数：0
方程的根：1.076925；方程的值：−5.5511E-17；迭代次数：4
方程的根：4.749571；方程的值：−1.5959E-16；迭代次数：3
方程的根：7.849646；方程的值：−1.7538E-15；迭代次数：3
方程的根：10.996064；方程的值：−3.4367E-15；迭代次数：3

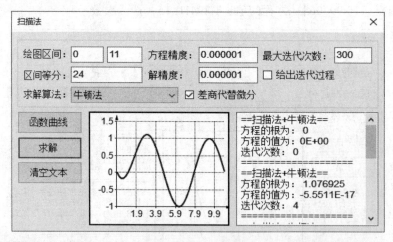

图 1.20　算例函数在区间[0, 11]内的曲线图形及"扫描法+牛顿法+差商代替微分"求解结果

上机实验题

1.　已知 $f(x)=x-\sin x-0.5$，试分别用不动点迭代法、牛顿下山法、埃特金加速法编程求其在 $x=1.5$ 附近的根，控制精度 10^{-6}。

2.　采用割线法编程求 $f(x)=x^3-3x-2$ 在区间[1, 3]内的根，控制精度 10^{-6}。

第 2 章　线性方程组的直接解法

常见的线性方程组可表示为

$$\begin{bmatrix} a_{11} & a_{12} & \cdots & a_{1n} \\ a_{21} & a_{22} & \cdots & a_{2n} \\ \vdots & \vdots & \vdots & \vdots \\ a_{n1} & a_{n2} & \cdots & a_{nn} \end{bmatrix} \begin{bmatrix} x_1 \\ x_2 \\ \vdots \\ x_n \end{bmatrix} = \begin{bmatrix} b_1 \\ b_2 \\ \vdots \\ b_n \end{bmatrix}$$

或

$$\boldsymbol{Ax} = \boldsymbol{b}$$

其中，$\boldsymbol{A}$ 是一个 $n \times n$ 维系数矩阵；$\boldsymbol{x}$ 为 n 维解向量；$\boldsymbol{b}$ 为 n 维右端向量或右端项。本章只考虑矩阵 $\boldsymbol{A}$ 为实数矩阵、$\boldsymbol{b}$ 为实数向量、$\boldsymbol{x}$ 为实数解向量的情况，并给出几种直接解法。

2.1　高斯消去法

高斯消去法是求解线性方程组的基本方法，其他各种直接解法基本上都是高斯消去法的变形，或者针对特殊矩阵的改进。本节给出一般的高斯消去法的算法原理与步骤，假设系数矩阵 $\boldsymbol{A}$ 非奇异。

2.1.1　算法原理与步骤

高斯消去法的基本思想是设法消去方程组系数矩阵主对角线下方的元素，将其化为等价的上三角矩阵，然后通过回代过程获得原方程的解，即高斯消去法包含消元和回代求解两个过程。

1）消元过程

将原方程组 $\boldsymbol{Ax} = \boldsymbol{b}$ 记作 $\boldsymbol{A}^{(1)}\boldsymbol{x} = \boldsymbol{b}^{(1)}$。

第 1 步：设 x_1 的系数 $a_{11}^{(1)} \neq 0$，依次用第 2 个至第 n 个方程中 x_1 的系数 $a_{i1}^{(1)}$ 除以 $a_{11}^{(1)}$ 得乘数

$$m_{i1} = a_{i1}^{(1)} / a_{11}^{(1)} \quad (i = 2, 3, \cdots, n)$$

然后将第 1 个方程的各系数分别乘以 $-m_{i1}$ 并加到第 i 个方程对应的系数上，便消去了第 i 个方程中的 x_1，得到等价的方程组

$$\begin{bmatrix} a_{11}^{(1)} & a_{12}^{(1)} & \cdots & a_{1n}^{(1)} \\ 0 & a_{22}^{(2)} & \cdots & a_{2n}^{(2)} \\ \vdots & \vdots & \vdots & \vdots \\ 0 & a_{n2}^{(2)} & \cdots & a_{nn}^{(2)} \end{bmatrix} \begin{bmatrix} x_1 \\ x_2 \\ \vdots \\ x_n \end{bmatrix} = \begin{bmatrix} b_1^{(1)} \\ b_2^{(2)} \\ \vdots \\ b_n^{(2)} \end{bmatrix}$$

或简记为

$$\boldsymbol{A}^{(2)} \boldsymbol{x} = \boldsymbol{b}^{(2)}$$

其中，$a_{ij}^{(2)} = a_{ij}^{(1)} - m_{i1} a_{1j}^{(1)}$，$b_i^{(2)} = b_i^{(1)} - m_{i1} b_1^{(1)}$ $(i, j = 2, 3, \cdots, n)$。

第 k 步$(1 \leqslant k \leqslant n-1)$：设第 k-1 步消元已经完成，得到的等价方程组为

$$\begin{bmatrix} a_{11}^{(1)} & a_{12}^{(1)} & \cdots & a_{1k}^{(1)} & \cdots & a_{1n}^{(1)} \\ & a_{22}^{(2)} & \cdots & a_{2k}^{(2)} & \cdots & a_{2n}^{(2)} \\ & & \ddots & \vdots & \cdots & \vdots \\ & & & a_{kk}^{(k)} & \cdots & a_{kn}^{(k)} \\ & & & \vdots & & \vdots \\ & & & a_{nk}^{(k)} & \cdots & a_{nn}^{(k)} \end{bmatrix} \begin{bmatrix} x_1 \\ x_2 \\ \vdots \\ x_k \\ \vdots \\ x_n \end{bmatrix} = \begin{bmatrix} b_1^{(1)} \\ b_2^{(2)} \\ \vdots \\ b_k^{(k)} \\ \vdots \\ b_n^{(k)} \end{bmatrix}$$

或简记为

$$\boldsymbol{A}^{(k)} \boldsymbol{x} = \boldsymbol{b}^{(k)}$$

设 $a_{kk}^{(k)} \neq 0$，求乘数 $m_{ik} = a_{ik}^{(k)} / a_{kk}^{(k)}$ $(i = k+1, k+2, \cdots, n)$，然后将 $\boldsymbol{A}^{(k)} \boldsymbol{x} = \boldsymbol{b}^{(k)}$ 中的第 k 个方程的各系数分别乘以 $-m_{ik}$ 并加到第 i 个方程$(i = k+1, k+2, \cdots, n)$对应的系数上，消去第 $k+1$ 个至第 n 个方程中的 x_k，得到等价的方程组

$$\boldsymbol{A}^{(k+1)} \boldsymbol{x} = \boldsymbol{b}^{(k+1)}$$

其中，$\boldsymbol{A}^{(k+1)}$ 的第 1 行至第 k 行与 $\boldsymbol{A}^{(k)}$ 相同，$\boldsymbol{b}^{(k+1)}$ 的第 1 个至第 k 个元素与 $\boldsymbol{b}^{(k)}$ 相同，其余元素为

$$a_{ij}^{(k+1)} = a_{ij}^{(k)} - m_{ik} a_{kj}^{(k)} \quad (i, j = k+1, k+2, \cdots, n)$$

$$b_i^{(k+1)} = b_i^{(k)} - m_{ik} b_k^{(k)} \quad (i = k+1, k+2, \cdots, n)$$

继续此过程，直至完成第 n-1 次消元，得到与原方程组等价的上三角方程组

$$\begin{bmatrix} a_{11}^{(1)} & a_{12}^{(1)} & \cdots & a_{1n}^{(1)} \\ & a_{22}^{(2)} & \cdots & a_{2n}^{(2)} \\ & & \ddots & \vdots \\ & & & a_{nn}^{(n)} \end{bmatrix} \begin{bmatrix} x_1 \\ x_2 \\ \vdots \\ x_n \end{bmatrix} = \begin{bmatrix} b_1^{(1)} \\ b_2^{(2)} \\ \vdots \\ b_n^{(n)} \end{bmatrix}$$

简记为

$$\boldsymbol{A}^{(n)} \boldsymbol{x} = \boldsymbol{b}^{(n)}$$

2）回代过程

从第 n 个方程求出 x_n，代入第 n-1 个方程求出 x_{n-1}，直到由第 1 个方程求出 x_1。其一

般求解公式为

$$
\begin{cases}
x_n = b_n^{(n)} / a_{nn}^{(n)} \\
x_i = \left(b_i^{(i)} - \sum_{j=i+1}^{n} a_{ij}^{(i)} x_j \right) / a_{ii}^{(i)}, i = n-1, n-2, \ldots, 1
\end{cases}
$$

采用高斯消去法的算法步骤如下：

步骤 1：输入系数矩阵 A 和方程组右端向量 b 及方程组维数 n。

步骤 2（消元计算）：对于 $k = 1, 2, 3, \cdots, n-1$，若 $a_{kk}^{(k)} \neq 0$，

$$
m_{ik} = a_{ik}^{(k)} / a_{kk}^{(k)} \quad (i = k+1, k+2, \cdots, n)
$$
$$
a_{ij}^{(k+1)} = a_{ij}^{(k)} - m_{ik} a_{kj}^{(k)} \quad (i, j = k+1, k+2, \cdots, n)
$$
$$
b_i^{(k+1)} = b_i^{(k)} - m_{ik} b_k^{(k)} \quad (i = k+1, k+2, \cdots, n)
$$

步骤 3（回代计算）：

$$
b_n = b_n^{(n)} / a_{nn}^{(n)}
$$

$$
b_i = \left(b_i^{(i)} - \sum_{j=i+1}^{n} a_{ij}^{(i)} b_j \right) / a_{ii}^{(i)} \quad (i = n-1, n-2, \cdots, 1)
$$

步骤 4：输出原方程组的解 $b_1, b_1, \ldots, b_n$。

编程时，用右端项数组存储解数组即可，无须另外定义一个解数组。

2.1.2　算法实现程序

高斯消去法程序界面如图 2.1 所示。

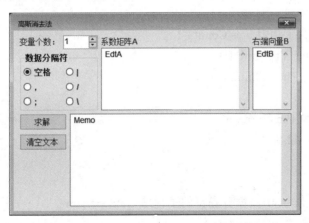

图 2.1　高斯消去法程序界面

程序实现的主要代码如下：

（1）窗体单元代码。

```vb
Imports System.Math
Public Class frmMain
    Dim Seperator As Char
    '提取系数矩阵 A 的子程序 GetA
    Private Sub GetA(ByRef A(, ) As Double)
        Dim AA() As String, I As Integer, J As Integer, K As Integer, N As Integer, S As String
        N = UpDown.Value
        K = 0
        For I = 0 To EdtA.Lines.Count - 1
            S = Trim(EdtA.Lines(I))
            If S = "" Then Continue For
            AA = S.Split(Seperator)
            K = K + 1
            If K > N Then Exit Sub
            For J = 1 To N
                A(K, J) = Val(AA(J - 1))
            Next
        Next
    End Sub
    '提取方程组右端向量 B 的子程序 GetB
    Private Sub GetB(ByRef B() As Double)
        Dim I As Integer, K As Integer, N As Integer, S As String
        N = UpDown.Value
        K = 0
        For I = 0 To EdtB.Lines.Count - 1
            S = Trim(EdtB.Lines(I))
            If S = "" Then Continue For
            K = K + 1
            If K > N Then Exit Sub
            B(K) = Val(S)
        Next
    End Sub
    '提取系数矩阵 A 中数据分隔符的子程序 GetSeperator
    Private Sub GetSeperator()
        If RB1.Checked Then
            Seperator = " "
        ElseIf RB2.Checked Then
```

```vb
          Seperator = ", "
      ElseIf RB3.Checked Then
          Seperator = ";"
      ElseIf RB4.Checked Then
          Seperator = "|"
      ElseIf RB5.Checked Then
          Seperator = "/"
      ElseIf RB6.Checked Then
          Seperator = "\"
    End If
  End Sub
```

'按钮 **BtnResult** 的 **Click** 事件。数组 **A** 存储方程组系数矩阵，**B** 存储方程组右端向量或方程组解向量

```vb
    Private Sub BtnResult_Click(sender As Object, e As EventArgs) Handles BtnResult.Click
    Dim N As Integer, I As Integer, J As Integer, Success As Boolean
    Dim A(, ) As Double, B() As Double
    N = UpDown.Value
    ReDim A(N, N), B(N)
    Seperator = ""
    GetSeperator()
    If Seperator = "" Then Exit Sub
    GetA(A)
    GetB(B)
    Success = Gauss(A, B)
    If Success = False Then
       MessageBox.Show("高斯消去法没能求出方程组的解！")
       Exit Sub
    End If
    GetA(A)
    OutPutResult(A, B)
  End Sub
```

'输出计算结果子程序 **OutPutResult**。数组 **A** 存储方程组系数矩阵，**X** 存储解向量

```vb
  Private Sub OutPutResult(A(, ) As Double, X() As Double)
    Dim I As Integer, J As Integer, Sum As Double
    Memo.AppendText("======求解结果======" + vbCrLf)
    For I = 1 To UBound(X)
       Memo.AppendText("X"+Str(I)+" = "+Str(Round(X(I) * (1E+6)) * (1E-6))+vbCrLf)
```

```
          Next
          Memo.AppendText("========验证========" + vbCrLf)
      For I = 1 To UBound(X)
        Sum = 0
        For J = 1 To UBound(X)
          Sum = Sum + A(I, J) * X(J)
        Next
          Memo.AppendText("方程"+Str(I)+"左边 = "+Str(Round(Sum * (1E+6)) * (1E-6))+
vbCrLf)
      Next
          Memo.AppendText("===================" + vbCrLf)
    End Sub
    '按钮 BtnClear 的 Click 事件。清除 Memo 的内容
    Private Sub BtnClear_Click(sender As Object, e As EventArgs) Handles BtnClear.Click
        Memo.Clear()
    End Sub
  End Class
```

（2）公共单元（Moudle.VB 单元）代码。

```
Imports System.Math
Module Module1
    '消元子程序 XiaoYuan。输入矩阵 A、向量 B 和消元次序 K，返回消元后的矩阵 A
和向量 B
    Sub XiaoYuan(ByRef A(, ) As Double, ByRef B() As Double, K As Integer)
      Dim I As Integer, J As Integer, N As Integer, M As Double
      N = UBound(B)
      For I = K + 1 To N
        M = A(I, K) / A(K, K)
        For J = K + 1 To N
          A(I, J) = A(I, J) - M * A(K, J)
        Next
        B(I) = B(I) - M * B(K)
      Next
    End Sub
    '回代求解子程序 HuiDai。输入消元计算后的矩阵 A 和向量 B，返回解向量 B
    Sub HuiDai(ByRef A(, ) As Double, ByRef B() As Double)
      Dim I As Integer, J As Integer, N As Integer, Sum As Double
      N = UBound(B): B(N) = B(N) / A(N, N)
      For I = N - 1 To 1 Step -1
```

```
        Sum = 0
        For J = I + 1 To N
            Sum = Sum + A(I, J) * B(J)
        Next
        B(I) = (B(I) - Sum) / A(I, I)
    Next
End Sub
```

'判断矩阵是否奇异的子程序 **MatrixIsQY**。输入矩阵 **A** 和矩阵维数 N，返回是否奇异的标志和相关信息 Msg

```
Function MatrixIsQY(ByRef Msg As String, A(, ) As Double, N As Integer)
    Dim I As Integer
    For I = 1 To N
        If Abs(A(I, I))< = 0.0000000001 Then
            Msg = "是奇异矩阵！":MatrixIsQY = True
            Exit Function
        End If
        MatrixIsQY = False
    Next
End Function
```

'高斯消去法求解子程序 **Gauss**。输入矩阵 **A** 及右端向量 **B**，返回解向量 **B**。在本子程序里主要调用了消元子程序 **XiaoYuan** 和回代求解子程序 **HuiDai**

```
Function Gauss(A(, ) As Double, ByRef B() As Double)
    Dim N As Integer, K As Integer, Msg As String
    N = UBound(B)
    For K = 1 To N - 1
        If Abs(A(K, K))< = 0.0000000001 Then
            MessageBox.Show("系数矩阵是奇异矩阵！")
            Gauss = False: Exit Function
        End If
        XiaoYuan(A, B, K)
    Next
    If MatrixIsQY(Msg, A, N) Then
        MessageBox.Show("系数矩阵" + Msg)
        Gauss = False
        Exit Function
    End If
    HuiDai(A, B)
    Gauss = True
```

```
      End Function
End Module
```

2.1.3　算例及结果

用高斯消去法求下列方程组的解

$$\begin{bmatrix} 0.832 & 0.448 & 0.193 \\ 0.784 & 0.421 & 0.207 \\ 0.784 & -0.421 & 0.293 \end{bmatrix} \begin{bmatrix} x_1 \\ x_2 \\ x_3 \end{bmatrix} = \begin{bmatrix} 1.000 \\ 0.000 \\ 0.000 \end{bmatrix}$$

参数输入及求解结果如图 2.2 所示。

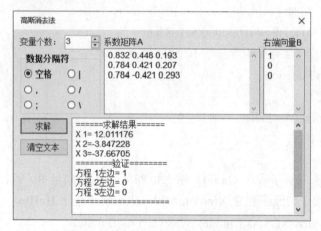

图 2.2　算例的高斯消去法求解结果

采用高斯消去法解线性方程组时，即使 A 为非奇异矩阵，也可能出现 $a_{kk}{}^{(k)} = 0$ 的情况；或者，$a_{kk}{}^{(k)} \neq 0$ 但 $a_{kk}{}^{(k)}$ 很小，作除数时，会使乘数 m_{ik} 变得很大，扩大误差，带来意想不到的后果，导致计算失败。解决办法：每次消元前，确保系数矩阵绝对值最大的元素为主元素(在主对角线上)，使 $|m_{ik}| \leqslant 1$。选主元高斯消去法(包括全主元高斯消去法和列主元高斯消去法)可解决此问题。

2.2　全主元高斯消去法

2.2.1　算法原理与步骤

在高斯消去法的消元过程中，可能出现 $a_{kk}^{(k)} = 0$ 或 $|a_{kk}^{(k)}|$ 非常小（接近于零）的情况，造成乘数 $m_{ik} = a_{ik}^{(k)} / a_{kk}^{(k)}$ 溢出，导致消元过程无法进行下去。为了避免这种情况的发生，在第 k 次($k = 1, 2, \cdots, n-1$)执行高斯消去法之前，从第 k 列到第 n 列、第 k 行到第 n 行选取绝对值最大的元素为主元素，通过行、列变换，将其送至主对角线上，此时，乘数的

绝对值$|m_{ik}| = |a_{ik}^{(k)} / a_{kk}^{(k)}| \leqslant 1$，可保证高斯消去法的顺利进行。

在全主元消去法的消元过程中，列的交换改变了 x 分量的次序，因此，在每一次列交换的同时，必须记录调换后的 x 分量的排列次序。未知量 $x_1, x_2, \cdots, x_n$ 次序调换后记为 $y_1, y_2, \cdots, y_n$，x_i 和 y_i 并非正好一一对应，故应设置一个一维数组专门存储未知量的次序。

采用全主元高斯消去法的算法步骤如下：

步骤 1：输入系数矩阵 A 和方程组右端向量 b 及方程组维数 n。

步骤 2：对于 $k = 1, 2, \cdots, n-1$，Order[k] = k　　{一维数组 Order 存放解向量元素的序号}。

对于 $k = 1, 2, \cdots, n-1$，执行步骤 3 到步骤 6。

步骤 3：寻找绝对值最大的元素 $a_{i_k j_k}$ 及对应的下标 i_k 和 j_k，

$$|a_{i_k j_k}| = \max_{k \leqslant i, j \leqslant n} \{|a_{ij}|\} \neq 0$$

步骤 4：若 $i_k = k$，转步骤 5；否则，分别交换 A 和 b 的第 k 行和第 i_k 行对应的元素，

$$a_{kj} \leftrightarrow a_{i_k, j} (k \leqslant j \leqslant n); \quad b_k \leftrightarrow b_{i_k}$$

步骤 5：若 $j_k = k$，转步骤 6；否则，交换 A 的第 k 列和第 j_k 列对应的元素，同时交换未知量的排列次序，

$$a_{i_k, k} \leftrightarrow a_{i_k, j_k} (k \leqslant i_k \leqslant n)\ ;\ \text{Order}[k] \leftrightarrow \text{Order}[j_k]$$

步骤 6：消元计算（参看"2.1.1　算法原理与步骤"）。

步骤 7：回代计算（参看"2.1.1　算法原理与步骤"）。

步骤 8：对于 $k = 1, 2, \cdots, n$，$x_{\text{Order}[k]} = b_k$。

步骤 9：输出原方程组的解 $x_1, x_1, \cdots, x_n$。

2.2.2　算法实现程序

全主元高斯消去法程序界面参见图 2.1。

程序实现的主要代码如下：

（1）窗体单元代码。

```
Imports System.Math
Public Class frmMain
    Dim Seperator As Char
```

'按钮 BtnResult 的 **Click** 事件。变量 **A** 存储方程组系数矩阵，变量 **B** 存储方程组右端向量或方程组解向量

```
    Private Sub BtnResult_Click(sender As Object, e As EventArgs) Handles BtnResult.Click
        Dim N As Integer, Success As Boolean, A(, ) As Double, B() As Double
```

```vb
        N = UpDown.Value
        ReDim A(N, N), B(N)
        GetSeperator()
        If Seperator = "" Then Exit Sub
        GetA(A)
        GetB(B)
        Success = QZYGauss(A, B)
        If Success = False Then
            MessageBox.Show("全主元高斯消去法没能求出方程组的解！")
            Exit Sub
        End If
        GetA(A)
        OutPutResult(A, B)
    End Sub
End Class
```

提取系数矩阵 **A** 的子程序 **GetA**、提取方程组右端向量 **B** 的子程序 **GetB**、提取系数矩阵 **A** 中数据分隔符的子程序 **GetSeperator**、按钮 BtnClear 的 **Click** 事件代码，参看"2.1 高斯消去法"。

（2）公共单元（Moudle.VB 单元）代码。

```vb
Imports System.Math
Module Module1
    '全主元高斯消去法求解子程序 QZYGauss。输入矩阵 A 及右端向量 B，返回解向量
```
(存储在 **B** 里)。在本子程序里主要调用了选主元子程序 **XuanZhuYuanQ**、消元子程序 **XiaoYuan** 和回代求解子程序 **HuiDai**；数组 Order 用于存放列变换后未知量 X 的排列次序
```vb
    Function QZYGauss(A(, ) As Double, ByRef B() As Double)
        Dim IK As Integer, JK As Integer, N As Integer, K As Integer, I, J, Amax As Double
        Dim Order() As Integer, Msg As String, X() As Double
        N = UBound(B)
        ReDim Order(N), X(N)
        For I = 1 To N
            Order(I) = I
            X(I) = B(I)
        Next
        For K = 1 To N - 1
            Call XuanZhuYuanQ(IK, JK, Amax, A, K, N)
            If    Amax<= 0.0000000001 Then
                MessageBox.Show("系数矩阵是奇异矩阵！")
                QZYGauss = False
```

```
              Exit Function
            End If
            If IK <> K Then
              For J = K To N
                SwapXY(A(K, J), A(IK, J))
              Next
              SwapXY(X(K), X(IK))
            End If
            If JK <> K Then
              For I = 1 To N
                SwapXY(A(I, K), A(I, JK))
              Next
              SwapXY(Order(K), Order(JK))
            End If
            XiaoYuan(A, X, K)
          Next
          If MatrixIsQY(Msg, A, N) Then
            MessageBox.Show("系数矩阵" + Msg)
            QZYGauss = False
            Exit Function
          End If
          HuiDai(A, X)
          For K = 1 To N
            B(Order(K)) = X(K)
          Next
          QZYGauss = True
      End Function
```

'选主元子程序 **XuanZhuYuanQ**，输入矩阵 **A**、矩阵维数 N 和消元次序 K，返回主元 Amax 及其所在行号 Ik 和列号 Jk

```
      Sub XuanZhuYuanQ(ByRef IK As Integer, ByRef JK As Integer, ByRef Amax As
Double, A(, ) As Double, K As Integer, N As Integer)
          Dim I As Integer, J As Integer
          Amax = 0
          For I = K To N
            For J = K To N
              If Abs(A(I, J)) > Amax Then
                Amax = Abs(A(I, J))
                IK = I:JK = J
```

```
        End If
      Next
    Next
  End Sub
'交换两个参数值的子程序 SwapXY。输入 X 和 Y，返回值交换后的 X 和 Y
  Sub SwapXY(ByRef X As Double, ByRef Y As Double)
    Dim T As Double
    T = X : X = Y : Y = T
  End Sub
  Sub SwapXY(ByRef X As Integer, ByRef Y As Integer)
    Dim T As Integer
    T = X : X = Y : Y = T
  End Sub
End Module
```

消元子程序 **XiaoYuan**、回代求解子程序 **HuiDai** 和判断矩阵是否奇异的子程序 **MatrixIsQY**，参看"2.1 高斯消去法"。

2.2.3　算例及结果

用全主元高斯消去法求解方程组

$$\begin{bmatrix} 1 & 2 & 3 \\ 5 & 4 & 10 \\ 3 & -0.1 & 1 \end{bmatrix} \begin{bmatrix} x_1 \\ x_2 \\ x_3 \end{bmatrix} = \begin{bmatrix} 1 \\ 0 \\ 2 \end{bmatrix}$$

参数输入及求解结果如图 2.3 所示。

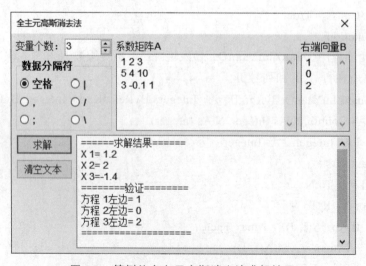

图 2.3　算例的全主元高斯消去法求解结果

2.3 列主元高斯消去法

2.3.1 算法原理与步骤

在全主元消去法的消元过程中，列的交换改变了 x 分量的次序，给编程求解带来一定的难度。在第 k 次($k = 1, 2, \cdots, n-1$)执行高斯消去法之前，从第 k 列的第 k 行到第 n 行选取绝对值最大的元素为主元素，通过行变换，将其送至主对角线上，则本次消元计算所用乘数的绝对值 $|m_{ik}| = |a_{ik}^{(k)} / a_{kk}^{(k)}| \leqslant 1$，可保证高斯消去法的顺利进行。采用列主元高斯消去法进行消元时，每次只进行行变换，无须改变解向量 x 中元素的顺序，故比全主元高斯消去法更容易编程实现。

采用列主元高斯消去法的算法步骤如下：

步骤 1：输入系数矩阵 A 和方程组右端向量 b 及方程组维数 n。

对于 $k = 1, 2, \cdots, n-1$，执行步骤 2 到步骤 4。

步骤 2：按列寻找绝对值最大的元素 $a_{i_k k}$ 及对应的行下标 i_k，

$$|a_{i_k k}| = \max_{k \leqslant i \leqslant n} \{|a_{ik}|\} \neq 0$$

步骤 3：若 $i_k = k$，转步骤 4；否则，分别交换 A 和 b 的第 k 行与第 i_k 行对应的值，

$$a_{kj} \leftrightarrow a_{i_k, j} \quad (k \leqslant j \leqslant n); \quad b_k \leftrightarrow b_{i_k}$$

步骤 4：消元计算（参看"2.1.1 算法原理与步骤"）。

步骤 5：回代计算（参看"2.1.1 算法原理与步骤"）。

步骤 6：输出原方程组的解 $b_1, b_1, \cdots, b_n$。

2.3.2 算法实现程序

列主元高斯消去法程序界面参见图 2.1。

程序实现的主要代码如下：

（1）窗体单元代码。

```
Imports System.Math
Public Class frmMain
    Dim Seperator As Char
    '按钮 BtnResult 的 Click 事件。变量 A 存储方程组系数矩阵，变量 B 存储方程组
右端向量或方程组解向量
    Private Sub BtnResult_Click(sender As Object, e As EventArgs) Handles BtnResult.
Click
        Dim A(, ) As Double, B() As Double, N As Integer, Success As Boolean
        N = UpDown.Value
```

```
        ReDim A(N, N), B(N)
        GetSeperator()
        If Seperator = "" Then Exit Sub
        GetA(A)
        GetB(B)
        Success = LZYGauss(A, B)
        If Success = False Then
            MessageBox.Show("列主元高斯消去法没能求出方程组的解！")
            Exit Sub
        End If
        GetA(A)
        OutPutResult(A, B)
    End Sub
End Class
```

提取系数矩阵 **A** 的子程序 **GetA**、提取方程组右端向量 **B** 的子程序 **GetB**、提取系数矩阵 **A** 中数据分隔符的子程序 **GetSeperator**、按钮 BtnClear 的 **Click** 事件代码，参看 "2.1 高斯消去法"。

（2）公共单元（Moudle.VB 单元）代码。

```
Imports System.Math
Module Module1
```

'列主元高斯消去法求解子程序 **LZYGauss**。输入矩阵 **A** 及右端向量 **B**，返回解向量(存储在 **B** 里)。在本子程序里主要调用了按列选主元子程序 **XuanZhuYuanL**、消元子程序 **XiaoYuan** 和回代求解子程序 **HuiDai**

```
    Function LZYGauss(A(, ) As Double, ByRef B() As Double)
        Dim IK As Integer, N As Integer, K As Integer, I, J, Amax As Double
        Dim Msg As String
        N = UBound(B)
        For K = 1 To N - 1
            XuanZhuYuanL(IK, Amax, A, K, N)
            If Amax< = 0.0000000001 Then
        MessageBox.Show("系数矩阵是奇异矩阵！")
        LZYGauss = False
        Exit Function
    End If
    If IK <> K Then
        For J = K To N
            SwapXY(A(K, J), A(IK, J))
        Next
```

```
        SwapXY(B(K), B(IK))
      End If
      XiaoYuan(A, B, K)
    Next
    If MatrixIsQY(Msg, A, N) Then
      MessageBox.Show("系数矩阵" + Msg)
      LZYGauss = False
      Exit Function
    End If
    HuiDai(A, B)
    LZYGauss = True
  End Function
```

'选列主元子程序 **XuanZhuYuanL**。输入矩阵 **A**、矩阵维数 N 和消元次序 K，返回主元 Amax 及其所在行号 Ik

```
  Sub XuanZhuYuanL(ByRef IK As Integer, ByRef Amax As Double, A(, ) As Double, K
As Integer, N As Integer)
    Dim I As Integer
    Amax = 0
    For I = K To N
      If Abs(A(I, K)) > Amax Then
        Amax = Abs(A(I, K)):IK = I
      End If
    Next
  End Sub
End Module
```

消元子程序 **XiaoYuan**、回代求解子程序 **HuiDai** 和判断矩阵是否奇异的子程序 **MatrixIsQY**，参见"2.1 高斯消去法"；交换两个变量值的子程序 **SwapXY**，参见"2.2 全主元高斯消去法"。

2.3.3 算例及结果

用列主元高斯消去法求下列方程组的解

$$\begin{bmatrix} 1 & 2 & 3 \\ 5 & 4 & 10 \\ 3 & -0.1 & 1 \end{bmatrix} \begin{bmatrix} x_1 \\ x_2 \\ x_3 \end{bmatrix} = \begin{bmatrix} 1 \\ 0 \\ 2 \end{bmatrix}$$

参数输入及求解结果如图 2.4 所示。

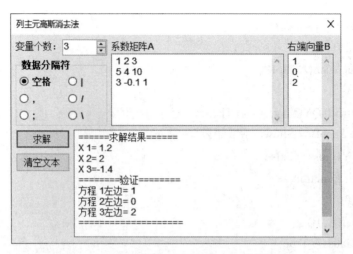

图 2.4　算例的列主元高斯消去法求解结果

2.4　LU 分解法

2.4.1　算法原理与步骤

通过将线性方程组的系数矩阵 A 分解为下三角矩阵 L 和上三角矩阵 U 相乘的形式，来求得线性方程组的解。

$$A = \begin{bmatrix} a_{11} & a_{12} & \cdots & a_{1n} \\ a_{21} & a_{22} & \cdots & a_{2n} \\ \vdots & \vdots & \vdots & \vdots \\ a_{n1} & a_{n2} & \cdots & a_{nn} \end{bmatrix} = LU = \begin{bmatrix} 1 & & & \\ l_{21} & 1 & & \\ \vdots & \vdots & \ddots & \\ l_{n1} & l_{n2} & \cdots & 1 \end{bmatrix} \begin{bmatrix} u_{11} & u_{12} & \cdots & u_{1n} \\ & u_{22} & \cdots & u_{2n} \\ & & \ddots & \vdots \\ & & & u_{nn} \end{bmatrix}$$

$Ax = b$ 等价于 $LUx = b$；令 $y = Ux$，则 $LUx = b$ 等价于 $Ly = b$。所以，将矩阵 A 分解成 L 和 U 后，首先求解 $Ly = b$，得到向量 y，再求解 $Ux = y$，得到解向量 x，实现 $Ax = b$ 的求解。

矩阵 A 分解成 L 和 U 后，L 和 U 的元素依然可以存储在矩阵 A 中。

按列选主元的 LU 分解法求解线性方程组的算法步骤如下：

步骤 1：输入系数矩阵 A 和方程组右端向量 b 及方程组维数 n。

步骤 2：确定 U 的第一行元素和 L 的第一列元素，

$$u_{1k} = a_{1k}, \quad a_{k1} = l_{k1} = a_{k1} / u_{11} (k = 1, 2, \cdots, n)$$

计算 U 和 L 的元素：对于 $r = 2, 3, \cdots, n-1$，执行步骤 3 到步骤 6。

步骤 3：计算一维辅助数组 s_i，并赋值给 a_{ir}，

$$s_i = a_{ir} - \sum_{k=1}^{r-1} l_{ik} u_{kr}, \quad a_{ir} = s_i (i = r, r+1, \cdots, n)$$

步骤 4：按列选主元，并记录行交换信息，$|s_{i_r}| = \max\limits_{r \leqslant i \leqslant n}\{|s_i|\}$，$\text{Ind}[r] = i_r$。

步骤 5：若 $i_r = r$，执行步骤 6；否则，交换 $\boldsymbol{A}$ 的第 r 行与第 i_r 行，同时交换 s_r 和 s_{i_r}，

$$a_{i_r,i} \leftrightarrow a_{ri}, \ \ s_r \leftrightarrow s_{i_r}$$

步骤 6：计算 $\boldsymbol{U}$ 的第 r 行元素和 $\boldsymbol{L}$ 的第 r 列元素，

$$a_{ir} = l_{ir} = s_i / u_{rr}, \ \ i = r+1, \cdots, n$$

$$a_{ri} = u_{ri} = a_{ri} - \sum_{k=1}^{r-1} l_{rk} u_{ki}, \ \ i = r+1, \cdots, n$$

步骤 7：计算 $a_{nn} = u_{nn} = a_{nn} - \sum\limits_{k=1}^{n-1} l_{nk} u_{kn}$。

步骤 8：根据 $\boldsymbol{A}$ 所做的行交换信息对 $\boldsymbol{b}$ 做相应调整，

对于 $i = 1, 2, \cdots, n-1$，执行

$$t = \text{Ind}[i]$$

如果 $i \neq t$，则交换 b_i 和 b_t：$b_i \Leftrightarrow b_t$。

步骤 9：解 $\boldsymbol{Ax} = \boldsymbol{b}$，等价于求解 $\boldsymbol{Ly} = \boldsymbol{B}$，$\boldsymbol{Ux} = \boldsymbol{y}$，其中 $\boldsymbol{B}$ 为经过行变换后的右端向量。

$$y_1 = B_1, \ \ y_i = B_i - \sum_{j=1}^{i-1} l_{ij} y_j \ (i = 2, 3, \cdots, n)$$

$$x_n = y_n / u_{nn}$$

$$x_i = \left(y_i - \sum_{j=i+1}^{n} u_{ij} x_j \right) / u_{ii} \ \ (i = n-1, n-2, \cdots, 1)$$

步骤 10：输出原方程组的解 $x_1, x_1, \cdots, x_n$。

2.4.2　算法实现程序

LU 分解法程序界面参见图 2.1。

程序实现的主要代码如下：

（1）窗体单元代码。

```
Imports System.Math
Public Class frmMain
    Dim Seperator As Char
    '按钮 BtnResult 的 Click 事件。变量 A 存储方程组系数矩阵，变量 B 存储方程组
右端向量或方程组解向量
    Private Sub BtnResult_Click(sender As Object, e As EventArgs) Handles BtnResult.Click
        Dim A(,) As Double, B() As Double, N As Integer, Success As Boolean
        N = UpDown.Value
        ReDim A(N, N), B(N)
```

```
      GetSeperator()
      If Seperator = "" Then Exit Sub
      GetA(A)
      GetB(B)
      Success = LU(A, B)
      If Success = False Then
          MessageBox.Show("LU 分解法没能求出方程组的解！")
          Exit Sub
      End If
      GetA(A)
      OutPutResult(A, B)
   End Sub
End Class
```

提取系数矩阵 **A** 的子程序 **GetA**、提取方程组右端向量 **B** 的子程序 **GetB**、提取系数矩阵 **A** 中数据分隔符的子程序 **GetSeperator**、按钮 BtnClear 的 **Click** 事件代码，参看 "2.1 高斯消去法"。

（2）公共单元（Moudle.VB 单元）代码。

```
Imports System.Math
Module Module1
```

'LU 分解法求解子程序 **LU**。输入矩阵 **A** 和向量 **B**，返回解向量(*存储在* **B** *内*)，主要调用了 LU 分解子程序 **GetLandU** 和回代求解子程序 **GetYFromLandB** 、**HuiDai**；其中的数组 Ind 存储子程序 **GetLandU** 中的行交换信息并返回到本子程序

```
   Function LU(A(, ) As Double, ByRef B() As Double)
      Dim I, J, N As Integer, Msg As String, Ind() As Integer
      N = UBound(B)
      ReDim Ind(N)
      GetLandU(A, Ind)    '将矩阵 A 分解为 L 和 U，仍存储在 A 里
      For I = 1 To N - 1
          If Ind(I) <> I Then SwapXY(B(I), B(Ind(I)))
      Next
      If MatrixIsQY(Msg, A, N) Then
          MessageBox.Show("矩阵" + Msg)
          LU = False
          Exit Function
      End If
      GetYFromLandB(B, A)    '解 LY = B，得 Y 向量，存储在 B 中返回
      HuiDai(A, B)    '解 UX = Y，得 X 向量(解向量)，存储在 B 中返回
      LU = True
```

```
End Function
'LU 分解子程序 GetLandU。输入矩阵 A，返回上三角矩阵 U、下三角矩阵 L(U 和
L 的元素依然存储在 A 中) 和行交换信息数组 Ind
    Sub GetLandU(ByRef A(, ) As Double, ByRef Ind() As Integer)
        Dim I, R, K As Integer, N As Integer, Amax As Double, Sum As Double
        Dim S() As Double
        N = UBound(Ind)
        ReDim S(N)
        For R = 1 To N - 1
            For I = R To N
                Sum = 0
                For K = 1 To R - 1
                    Sum = Sum + A(I, K) * A(K, R)
                Next
                S(I) = A(I, R) – Sum:A(I, R) = S(I)
            Next
            GetMaxandIK(Ind(R), Amax, S, R)
            If Amax< = 0.0000000001 Then
                MessageBox.Show("系数矩阵是奇异矩阵！")
                Exit Sub
            End If
            If Ind(R) <> R Then
                For I = 1 To N
                    SwapXY(A(R, I), A(Ind(R), I))
                Next
                SwapXY(S(R), S(Ind(R)))
            End If
            For I = R + 1 To N
                A(I, R) = S(I) / A(R, R)
                Sum = 0
                For K = 1 To R - 1
                    Sum = Sum + A(R, K) * A(K, I)
                Next
                A(R, I) = A(R, I) - Sum
            Next
        Next
        For K = 1 To N - 1
            A(N, N) = A(N, N) - A(N, K) * A(K, N)
```

```
      Next
    End Sub
'按列选主元子程序 GetMaxandIK。返回主元绝对值 Amax 及所在行 IK
    Sub GetMaxandIK(ByRef IK As Integer, ByRef Amax As Double, S() As Double, K As
Integer)
        Dim I As Integer
        Amax = 0
        For I = K To UBound(S)
          If Abs(S(I)) > Amax Then
            Amax = Abs(S(I)):IK = I
          End If
        Next
    End Sub
'解方程组 Ly = B 的子程序 GetYFromLandB。输入向量 B 和 L 矩阵，返回结果存
储在 B 中
    Sub GetYFromLandB(ByRef B() As Double, L(, ) As Double)
        Dim I, J, N As Integer
        N = UBound(B)
        For I = 2 To N
          For J = 1 To I - 1
            B(I) = B(I) - L(I, J) * B(J)
          Next
        Next
    End Sub
'回代求解子程序 HuiDai。输入消元计算后的矩阵 A 和向量 B，返回解向量(存储
在向量 B 中)
    Sub HuiDai(ByRef A(, ) As Double, ByRef B() As Double)
        Dim I As Integer, J As Integer, N As Integer, Sum As Double
        N = UBound(B):B(N) = B(N) / A(N, N)
        For I = N - 1 To 1 Step -1
          Sum = 0
          For J = I + 1 To N
            Sum = Sum + A(I, J) * B(J)
          Next
          B(I) = (B(I) - Sum) / A(I, I)
        Next
    End Sub
End Module
```

回代求解子程序 **HuiDai** 和判断矩阵是否奇异的子程序 **MatrixIsQY**，参看"2.1 高斯消去法"；交换两个变量值的子程序 **SwapXY**，参看"2.2 全主元高斯消去法"。

2.4.3 算例及结果

用 LU 分解法求下列方程组的解

$$\begin{bmatrix} 10 & -7 & 0 \\ -3 & 2 & 6 \\ 5 & -1 & 5 \end{bmatrix}\begin{bmatrix} x_1 \\ x_2 \\ x_3 \end{bmatrix} = \begin{bmatrix} 7 \\ 4 \\ 6 \end{bmatrix}$$

参数输入及求解结果如图 2.5 所示。

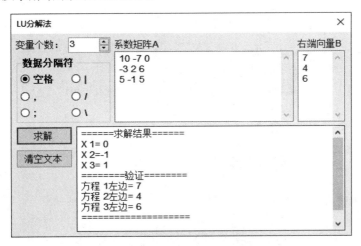

图 2.5　算例的 LU 分解法求解结果

2.5　平方根法

2.5.1　算法原理与步骤

当方程组系数方阵 A 为对称正定矩阵时，利用对称正定矩阵的三角分解就得到解决对称正定矩阵线性方程组的平方根法。这种方法是解决对称正定矩阵线性方程组的有效方法。

设 A 为 n 维对称正定矩阵，则其 Cholesky 分解为：$A = LL^T$，L 为下三角矩阵，且当限定 L 的对角元素为正时，此分解是唯一的。

$$A = \begin{bmatrix} a_{11} & a_{12} & \cdots & a_{1n} \\ a_{21} & a_{22} & \cdots & a_{2n} \\ \vdots & \vdots & \vdots & \vdots \\ a_{n1} & a_{n2} & \cdots & a_{nn} \end{bmatrix} = LL^T = \begin{bmatrix} l_{11} & & \cdots & \\ l_{21} & l_{22} & \cdots & \\ \vdots & \vdots & \vdots & \vdots \\ l_{n1} & l_{n2} & \cdots & l_{nn} \end{bmatrix}\begin{bmatrix} l_{11} & l_{21} & \cdots & l_{n1} \\ & l_{22} & \cdots & l_{n2} \\ \vdots & \vdots & \vdots & \vdots \\ & & \cdots & l_{nn} \end{bmatrix}$$

$Ax = b$ 等价于 $LL^Tx = b$；令 $y = L^Tx$，则 $LL^Tx = b$ 等价于 $Ly = b$。所以，将矩阵 A 分解成 L 和 L^T 后，首先求解 $Ly = b$，得到向量 y，再求解 $L^Tx = y$，得到解向量 x，实现 $Ax = b$ 的求解。

矩阵 A 分解成 L 和 L^T 后，其元素依然可以存储在矩阵 A 中。

用平方根法求解线性方程组的算法步骤如下：

步骤 1：输入系数矩阵 A 和方程组右端向量 b 及方程组维数 n。

步骤 2：对 A 进行 Cholesky 分解，

（1）计算 L 的第 1 列元素

$$l_{11} = (a_{11})^{1/2}, \quad l_{i1} = a_{i1}/l_{11} \ (i = 2, 3, \cdots, n)$$

（2）对 $j = 2, 3, \cdots, n$，作

$$l_{jj} = \left(a_{jj} - \sum_{k=1}^{j-1} l_{jk}^2 \right)^{1/2}$$

（3）对 $j = 2, 3, \cdots, n-1$，作

$$l_{ij} = \left(a_{ij} - \sum_{k=1}^{j-1} l_{ik}l_{jk} \right)/l_{jj} \ (i = j+1, j+2, \cdots, n)$$

步骤 3：求解方程组 $Ly = b$，

$$y_1 = b_1/l_{11}, \quad y_i = \left(b_i - \sum_{j=1}^{i-1} l_{ij}y_j \right)/l_{ii} \ (i = 2, 3, \cdots, n)$$

步骤 4：求解方程组 $L^Tx = y$，

$$x_n = y_n/l_{nn}, \quad x_i = \left(y_i - \sum_{j=i+1}^{n} l_{ji}x_j \right)/l_{ii} \ (i = n-1, n-2, \cdots, 1)$$

步骤 5：输出原方程组的解 $x_1, x_1, \cdots, x_n$。

2.5.2 算法实现程序

平方根法程序界面参见图 2.1。

程序实现的主要代码如下：

（1）窗体单元代码。

```
Imports System.Math
Public Class frmMain
    Dim Seperator As Char
    '按钮 BtnResult 的 Click 事件。变量 A 存储方程组系数矩阵，变量 B 存储方程组
右端向量或方程组解向量
    Private Sub BtnResult_Click(sender As Object, e As EventArgs) Handles BtnResult.Click
        Dim A(, ) As Double, B() As Double, N As Integer, Success As Boolean
        N = UpDown.Value
```

```vb
    ReDim A(N, N), B(N)
    GetSeperator()
    If Seperator = "" Then Exit Sub
    GetA(A)
    GetB(B)
    Success = SqrRoot(A, B)
    If Success = False Then
        MessageBox.Show("平方根法没能求出方程组的解！")
        Exit Sub
    End If
    GetA(A)
    OutPutResult(A, B)
  End Sub
End Class
```

提取系数矩阵 **A** 的子程序 **GetA**、提取方程组右端向量 **B** 的子程序 **GetB**、提取系数矩阵 **A** 中数据分隔符的子程序 **GetSeperator**、按钮 BtnClear 的 **Click** 事件代码，参看"2.1 高斯消去法"。

（2）公共单元（Moudle.VB 单元）代码。

```vb
Imports System.Math
Module Module1
    '平方根法求解子程序 SqrRoot。输入矩阵 A 和向量 B，返回解向量(存储在 B 内)
    Function SqrRoot(A(, ) As Double, ByRef B() As Double)
    Dim I, J, K, N As Integer, Sum As Double
    N = UBound(B)
    For I = 1 To N
      For J = I To N
        If A(1, 1) < = 0 Or A(I, J) <> A(J, I) Then
            MessageBox.Show("系数矩阵不是对称正定矩阵！")
            SqrRoot = False
            Exit Function
          End If
      Next
    Next
    A(1, 1) = Sqrt(A(1, 1))
    For I = 2 To N
        A(I, 1) = A(I, 1) / A(1, 1)
    Next
    For J = 2 To N
```

```
      Sum = 0
      For K = 1 To J - 1
         Sum = Sum + A(J, K) ^ 2
      Next
      A(J, J) = Sqrt(A(J, J) - Sum)
      If J = N Then Exit For
      For I = J + 1 To N
         Sum = 0
         For K = 1 To J - 1
            Sum = Sum + A(I, K) * A(J, K)
         Next
         A(I, J) = (A(I, J) - Sum) / A(J, J)
      Next
   Next
   '求解方程组 Ly = b
   B(1) = B(1) / A(1, 1)
   For I = 2 To N
      For J = 1 To I - 1
         B(I) = B(I) - A(I, J) * B(J)
      Next
      B(I) = B(I) / A(I, I)
   Next
   '求解方程组 LTx = y
   B(N) = B(N) / A(N, N)
   For I = N - 1 To 1 Step -1
      For J = I + 1 To N
         B(I) = B(I) - A(J, I) * B(J)
      Next
      B(I) = B(I) / A(I, I)
   Next
   SqrRoot = True
End Function
End Module
```

2.5.3　算例及结果

用平方根法求下列方程组的解

$$\begin{bmatrix} 2 & -1 & -1 \\ -1 & 2 & 3 \\ -1 & 3 & 5 \end{bmatrix} \begin{bmatrix} x_1 \\ x_2 \\ x_3 \end{bmatrix} = \begin{bmatrix} 4 \\ 5 \\ 6 \end{bmatrix}$$

参数输入及求解结果如图 2.6 所示。

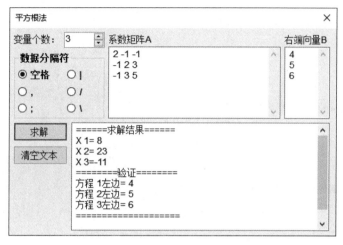

图 2.6 算例的平方根法求解结果

2.6 三对角追赶法

2.6.1 算法原理与步骤

通过将如下三对角方程组的系数矩阵进行 LU 分解，进而求得原方程组的解。

$$\begin{bmatrix} b_1 & c_1 & & & \\ a_2 & b_2 & c_2 & & \\ & \ddots & \ddots & \ddots & \\ & & a_{n-1} & b_{n-1} & c_{n-1} \\ & & & a_n & b_n \end{bmatrix} \begin{bmatrix} x_1 \\ x_2 \\ \vdots \\ x_{n-1} \\ x_n \end{bmatrix} = \begin{bmatrix} d_1 \\ d_2 \\ \vdots \\ d_{n-1} \\ d_n \end{bmatrix}$$

将上面的方程组的系数矩阵化为

$$\begin{bmatrix} b_1 & c_1 & & & \\ a_2 & b_2 & c_2 & & \\ & \ddots & \ddots & \ddots & \\ & & a_{n-1} & b_{n-1} & c_{n-1} \\ & & & a_n & b_n \end{bmatrix} = \begin{bmatrix} l_1 & & & & \\ \alpha_2 & l_2 & & & \\ & \ddots & \ddots & & \\ & & \alpha_{n-1} & l_{n-1} & \\ & & & \alpha_n & l_n \end{bmatrix} \begin{bmatrix} 1 & u_1 & & & \\ & 1 & u_2 & & \\ & & \ddots & \ddots & \\ & & & 1 & u_{n-1} \\ & & & & 1 \end{bmatrix}$$

其中，$l_1 = b_1$，$u_1 = c_1 / l_1$，$l_i = b_i - a_i u_{i-1}$，$u_i = c_i / l_i (i = 2, 3, \cdots, n-1)$，$l_n = b_n - a_n u_{n-1}$。

用三对角追赶法求解线性方程组的算法步骤如下：

步骤 1：输入一维数组 A、B、C 和方程组右端向量 d 及方程组维数 n。

步骤 2：将方程组系数矩阵作 LU 分解，计算各元素

$$l_1 = b_1, \ u_1 = c_1 / l_1, \ l_i = b_i - a_i u_{i-1}, \ u_i = c_i / l_i \ (i = 2, 3, \cdots, n-1), \ l_n = b_n - a_n u_{n-1}$$

步骤 3：追过程（求解方程组 $Ly = d$），

$$y_1 = d_1 / l_1$$
$$y_i = (d_i - a_i y_{i-1}) / l_i \quad (i = 2, 3, \cdots, n)$$

步骤 4：赶过程（求解方程组 $Ux = y$），

$$x_n = y_n$$
$$x_i = y_i - u_i x_{i+1} (i = n-1, n-2, \cdots, 1)$$

步骤 5：输出原方程组的解 $x_1, x_1, \cdots, x_n$。

2.6.2　算法实现程序

三对角追赶法程序界面参见图 2.1。

程序实现的主要代码如下：

（1）窗体单元代码。

```
Imports System.Math
Public Class frmMain
    Dim Seperator As Char
    '按钮 BtnResult 的 Click 事件
    Private Sub BtnResult_Click(sender As Object, e As EventArgs) Handles BtnResult.Click
        Dim N As Integer, Success As Boolean
        Dim A() As Double, B() As Double, C() As Double, D() As Double
        N = UpDown.Value
        ReDim A(N), B(N), C(N), D(N)
        GetSeperator()
        If Seperator = "" Then Exit Sub
        GetABC(A, B, C)
        GetB(D)
        Success = ZhuiGan3(A, B, C, D)
        If Success = False Then
            MessageBox.Show("三对角追赶法没能求出方程组的解！")
            Exit Sub
        End If
```

```
    GetABC(A, B, C)
    OutPutResult(A, B, C, D)
End Sub
```

'获得数组 **A**、**B**、**C** 的子程序 **GetABC**。数组 **A**、**B**、**C** 存放系数矩阵三条对角线上的元素

```
Private Sub GetABC(ByRef A() As Double, ByRef B() As Double, ByRef C() As Double)
    Dim AA() As String, I As Integer, J As Integer, K As Integer, N As Integer, S As String
    N = UpDown.Value
    K = 0
    For I = 0 To EdtA.Lines.Count - 1
        S = Trim(EdtA.Lines(I))
        If S = "" Then Continue For
        AA = S.Split(Seperator)
        J = UBound(AA)
        If J = 0 Then Continue For
            K = K + 1
            If K > N Then Exit Sub
            If K = 1 Then
                B(1) = Val(AA(0)):C(1) = Val(AA(1))
            ElseIf K = N Then
                A(N) = Val(AA(0)):B(N) = Val(AA(1))
            Else
                A(K) = Val(AA(0)): B(K) = Val(AA(1))
                C(K) = Val(AA(2))
            End If
            A(1) = 0: C(N) = 0
    Next
End Sub
```

'输出计算结果子程序 OutPutResult

```
Private Sub OutPutResult(A() As Double, B() As Double, C() As Double, X() As Double)
Dim I As Integer, J As Integer, N As Integer, Sum As Double, AA(, ) As Double
N = UBound(X)
ReDim AA(N, N)
For I = 1 To N
    For J = 1 To N
        If I = J Then
            AA(I, J) = B(I)
```

```
        Else
            AA(I, J) = 0
        End If
    Next
Next
For I = 1 To N - 1
    AA(I + 1, I) = A(I + 1): AA(I, I + 1) = C(I)
Next
Memo.AppendText("======求解结果======" + vbCrLf)
For I = 1 To UBound(X)
    Memo.AppendText("X" + Str(I) + " = " + Str(Round(X(I) * (1E+6)) * (1E-6)) + vbCrLf)
Next
Memo.AppendText("========验证========" + vbCrLf)
For I = 1 To UBound(X)
    Sum = 0
    For J = 1 To UBound(X)
        Sum = Sum + AA(I, J) * X(J)
    Next
    Memo.AppendText("方程"+Str(I)+ "左边 = " + Str(Round(Sum*(1E+6)) * (1E-6))+
vbCrLf)
Next
Memo.AppendText("====================" + vbCrLf)
    End Sub
End Class
```

提取方程组右端向量 **B** 的子程序 **GetB**、提取系数矩阵 **A** 中数据分隔符的子程序 **GetSeperator**、按钮 BtnClear 的 **Click** 事件代码，参看"2.1 高斯消去法"。

（2）公共单元（Moudle.VB 单元）代码。

```
Imports System.Math
Module Module1
    '判断系数矩阵是不是对角占优的三对角矩阵
    Function Judge(A() As Double, B() As Double, C() As Double, N As Integer)
        Dim I As Integer, J As Integer
        If Abs(B(1)) > Abs(C(1)) And Abs(C(1)) > 0.0000000001 Then
            Judge = True
        Else
            Judge = False: Exit Function
        End If
        If Abs(B(N)) > Abs(A(N)) And Abs(A(N)) > 0.0000000001 Then
```

```
            Judge = True
        Else
            Judge = False: Exit Function
        End If
        For I = 2 To N - 1
            Judge = B(I) > = Abs(A(I)) + Abs(C(I)) And Abs(A(I) * C(I)) > 0.0000000001
            If Judge = False Then Exit Function
        Next
    End Function
```

'三对角追赶法求解子程序 **ZhuiGan3**，输入一维数组 **A**、**B**、**C**、右端向量 **D**，返回解向量(存放在 **D** 内)

```
    Function ZhuiGan3(A() As Double, B() As Double, C() As Double, ByRef D() As Double)
        Dim I, N As Integer, Tem As Double
        N = UBound(D)
        If Judge(A, B, C, N) = False Then
            MessageBox.Show("系数矩阵不是对角占优的三对角矩阵！")
            ZhuiGan3 = False:    Exit Function
        End If
        C(1) = C(1) / B(1)
        For I = 2 To N - 1
            Tem = B(I) - A(I) * C(I - 1): C(I) = C(I) / Tem
        Next
        D(1) = D(1) / B(1)
        For I = 2 To N
            Tem = B(I) - A(I) * C(I - 1): D(I) = (D(I) - A(I) * D(I - 1)) / Tem
        Next
        For I = N - 1 To 1 Step -1
            D(I) = D(I) - C(I) * D(I + 1)
        Next
        ZhuiGan3 = True
    End Function
End Module
```

2.6.3 算例及结果

用三对角追赶法求下列方程组的解

$$\begin{bmatrix} 2 & -1 & & & \\ -1 & 2 & -1 & & \\ & -1 & 2 & -1 & \\ & & -1 & 2 & -1 \\ & & & -1 & 2 \end{bmatrix} \begin{bmatrix} x_1 \\ x_2 \\ x_3 \\ x_4 \\ x_5 \end{bmatrix} = \begin{bmatrix} 1 \\ 0 \\ 0 \\ 0 \\ 0 \end{bmatrix}$$

参数输入及求解结果如图 2.7 所示。

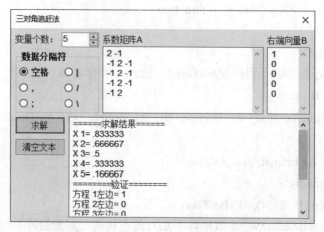

图 2.7　算例的三对角追赶法求解结果

上机实验题

1. 编写按列选主元的高斯消去法通用程序，并用之求解

$$\begin{bmatrix} -6 & 3 & 2 \\ 3 & 5 & 1 \\ 2 & 1 & 6 \end{bmatrix} \begin{bmatrix} x_1 \\ x_2 \\ x_3 \end{bmatrix} = \begin{bmatrix} -4 \\ 11 \\ -8 \end{bmatrix}$$

2. 编写按列选主元的 LU 分解法通用程序，并用之求解

$$\begin{bmatrix} 1 & 2 & 3 \\ 2 & 1 & -2 \\ 3 & -2 & 1 \end{bmatrix} \begin{bmatrix} x_1 \\ x_2 \\ x_3 \end{bmatrix} = \begin{bmatrix} -3 \\ 10 \\ 7 \end{bmatrix}$$

第3章　线性方程组的迭代解法

线性方程组的直接解法，适合于系数矩阵为稠密矩阵或特殊结构稀疏矩阵的情况，对于较一般的大规模稀疏矩阵，直接求解时，相应的算法设计比较复杂，而且填入往往使矩阵随求解过程逐渐变得稠密，导致巨大的计算时间和空间开销。采用直接解法能得到比较准确的解，但它并不适合某些对计算时间要求高，而对准确度要求不高的场合。线性方程组的迭代解法，多是通过将线性方程组 $Ax = b$ 的系数矩阵 A 进行适当的变换，得到迭代格式 $x^{(k+1)} = Cx^{(k)} + f$ $(k = 0, 1, 2, \cdots)$，其中 C 为迭代矩阵，f 为变换所得常向量。

3.1　雅可比迭代法

3.1.1　算法原理与步骤

设线性方程组 $Ax = b$ 的系数矩阵 A 非奇异，且主对角元素 a_{ii} 满足 $a_{ii} \neq 0$，$i = 1, 2, \cdots$，n。将 A 分解为 $A = D - L - U$，则 $Ax = b$ 等价于 $Dx = (L + U)x + b$。因为 A 非奇异，故 D 非奇异。$Ax = b$ 的雅可比迭代格式为 $x^{(k+1)} = Jx^{(k)} + f$ $(k = 0, 1, 2, \cdots)$。其中，雅可比矩阵 $J = D^{-1}(L + U)$ 为迭代矩阵；

$$f = D^{-1}b, \quad D = \begin{bmatrix} a_{11} & & & & \\ & a_{22} & & & \\ & & \ddots & & \\ & & & a_{n-1,n-1} & \\ & & & & a_{nn} \end{bmatrix},$$

$$L = \begin{bmatrix} 0 & & & & \\ -a_{21} & 0 & & & \\ -a_{31} & -a_{32} & \ddots & & \\ \vdots & \vdots & & 0 & \\ -a_{n1} & -a_{n2} & \cdots & -a_{n,n-1} & 0 \end{bmatrix}, \quad U = \begin{bmatrix} 0 & -a_{12} & -a_{13} & \cdots & -a_{1n} \\ & 0 & -a_{23} & \cdots & -a_{2n} \\ & & \ddots & & \\ & & & 0 & -a_{n-1,n} \\ & & & & 0 \end{bmatrix}$$

实际应用时，采取分量形式，即将 $Ax = b$ 变为

$$\begin{cases} x_1 = (b_1 - a_{12}x_2 - \cdots) / a_{11} \\ x_2 = (b_2 - a_{21}x_1 - \cdots) / a_{22} \\ \qquad\qquad \cdots\cdots\cdots\cdots \\ x_n = (b_n - a_{n1}x_1 - \cdots) / a_{nn} \end{cases},$$

其第 k 次迭代求解的形式，即雅可比迭代格式为

$$
\begin{cases}
x_1^{(k)} = (b_1 - a_{12}x_2^{(k-1)} - \cdots)/a_{11} \\
x_2^{(k)} = (b_2 - a_{21}x_1^{(k-1)} - \cdots)/a_{22} \\
\qquad\qquad \cdots\cdots\cdots\cdots \\
x_n^{(k)} = (b_n - a_{n1}x_1^{(k-1)} - \cdots)/a_{nn}
\end{cases},
$$

其分量形式可写为

$$
x_i^{(k+1)} = \left(b_i - \sum_{j=1, j\neq i}^{n} a_{ij}x_j^{(k)} \right)/a_{ii} , \quad (i=1,2,\cdots,n)
$$

雅可比迭代的终止条件为：$\| \boldsymbol{x}^{(k)} - \boldsymbol{x}^{(k-1)} \| < \varepsilon$。

采用雅可比迭代法求解线性方程组的算法步骤如下：

步骤 1：输入系数矩阵 $\boldsymbol{A}$、方程组右端向量 $\boldsymbol{b}$、方程组阶数 n、控制精度 E、最大容许迭代次数 M 和解向量初值 $\boldsymbol{x}^{(0)} = [x_1^{(0)}, \ x_2^{(0)}, \cdots, \ x_n^{(0)}]^{\mathrm{T}}$。

对于 $k = 1, 2, \cdots, M$ 执行步骤 2 到步骤 3。

步骤 2：对于 $i = 1, 2, 3, \cdots, n$，执行

$$
x_i = \left(b_i - \sum_{j=1, j\neq i}^{n} a_{ij}x_j \right)/a_{ii} \qquad E_{\max} = \| \boldsymbol{x}^{(k)} - \boldsymbol{x}^{(k-1)} \|
$$

步骤 3：若 $E_{\max} < E$，则输出解 $\boldsymbol{x}$，停止计算；否则，$x_i^{(0)} = x_i \ (i = 1, 2, 3, \cdots, n)$，返回步骤 2。

步骤 4：输出"雅可比法已迭代 M 次，没有得到符合要求的解"，停止计算。

3.1.2 算法实现程序

雅可比迭代法程序界面如图 3.1 所示。

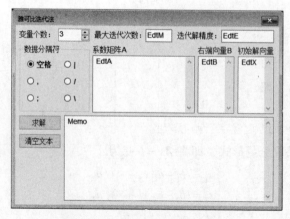

图 3.1　雅可比迭代法程序界面

程序实现的主要代码如下:

```vb
Imports System.Math
Public Class frmMain
    Dim Seperator As Char
    '提取方程组系数矩阵的子程序 GetA
    Private Sub GetA(ByRef A(, ) As Double)
        Dim AA() As String, I As Integer, J As Integer, K As Integer, N As Integer, S As String
        N = UpDown.Value
        K = 0
        For I = 0 To EdtA.Lines.Count - 1
            S = Trim(EdtA.Lines(I))
            If S = "" Then Continue For
            AA = S.Split(Seperator)
            K = K + 1
            If K > N Then Exit Sub
            For J = 1 To N
                A(K, J) = Val(AA(J - 1))
            Next
        Next
    End Sub
    '提取方程组右端向量或初始解向量的子程序 GetB
    Private Sub GetB(ByRef B() As Double, TxT As TextBox)
Dim I As Integer, K As Integer, N As Integer, S As String
        N = UpDown.Value
        K = 0
        For I = 0 To TxT.Lines.Count - 1
            S = Trim(TxT.Lines(I))
            If S = "" Then Continue For
            K = K + 1
            If K > N Then Exit Sub
            B(K) = Val(S)
        Next
    End Sub
    '提取系数矩阵 A 中数据分隔符的子程序 GetSeperator
    Private Sub GetSeperator()
        If RB1.Checked Then
            Seperator = " "
        ElseIf RB2.Checked Then
```

069

```
          Seperator = ", "
      ElseIf RB3.Checked Then
          Seperator = ";"
      ElseIf RB4.Checked Then
          Seperator = "|"
      ElseIf RB5.Checked Then
          Seperator = "/"
      ElseIf RB6.Checked Then
          Seperator = "\"
      End If
   End Sub
```

'按钮 BtnResult 的 **Click** 事件。变量 **A** 存储方程组系数矩阵，变量 **B** 存储方程组右端向量，变量 **X** 存储方程组解向量

```
   Private Sub BtnResult_Click(sender As Object, e As EventArgs) Handles BtnResult.Click
      Dim N As Integer, M As Integer, Iter As Integer, EE As Double, Success As Boolean,
Msg As String, A(, ) As Double, B() As Double, X() As Double
      N = UpDown.Value
      M = Val(EdtM.Text)
      EE = Val(EdtE.Text)
      ReDim A(N, N), B(N), X(N)
      GetSeperator()
      If Seperator = "" Then Exit Sub
      GetA(A)
      GetB(B, EdtB)
      GetB(X, EdtX)
      Success = Jacobi(X, Iter, A, B, EE, M, Msg)
      If Success = False Then
         MessageBox.Show(Msg)
         Exit Sub
      End If
      GetA(A)
      OutPutResult(A, X, Iter)
   End Sub
```

'按钮 BtnClear 的 **Click** 事件。清除 Memo 里的内容

```
   Private Sub BtnClear_Click(sender As Object, e As EventArgs) Handles BtnClear.Click
      Memo.Clear()
   End Sub
```

'输出求解结果的子程序 **OutPutResult**。**A** 存储方程组系数矩阵，数组 **X** 存储解向

量，ITER 存放迭代次数

```
Private Sub OutPutResult(A(, ) As Double, X() As Double, Iter As Integer)
    Dim I As Integer, J As Integer, Sum As Double
    Memo.AppendText("雅可比法迭代了" + Str(Iter) + "次" + vbCrLf)
    For I = 1 To UBound(X)
        Memo.AppendText("X" + Str(I) + " = " + Str(Round(X(I) * (1E+6)) * (1E-6)) + vbCrLf)
    Next
    Memo.AppendText("========验证========" + vbCrLf)
    For I = 1 To UBound(X)
        Sum = 0
        For J = 1 To UBound(X)
            Sum = Sum + A(I, J) * X(J)
        Next
        Memo.AppendText("方程"+Str(I)+"左边 = "+Str(Round(Sum *(1E+6)) * (1E-6))+ vbCrLf)
    Next
    Memo.AppendText("====================" + vbCrLf)
End Sub
'雅可比迭代求解程序 Jacobi。输入矩阵 A、右端向量 B、迭代解精度 EE 及最大迭
代次数 M，返回解向量 X、迭代次数 ITER 和消息 Msg
Private Function Jacobi(ByRef X() As Double, ByRef Iter As Integer, A(, ) As Double,
B() As Double, EE As Double, M As Integer, ByRef Msg As String)
    Dim X0() As Double, I, J, K, N As Integer, Sum, Del, Delmax
    N = UBound(B)
    Msg = "": Del = 0
    ReDim X0(N)
    For I = 1 To N
        X0(I) = X(I)
    Next
    For K = 1 To M
        Delmax = 0
        For I = 1 To N
            Sum = 0
            For J = 1 To N
                If I <> J Then Sum = Sum + A(I, J) * X0(J)
            Next
            X(I) = (B(I) - Sum) / A(I, I)
            Del = Abs(X(I) - X0(I))
```

```
              If Del > Delmax Then Delmax = Del
        Next
        If Delmax< = EE Then
           Iter = K
           Jacobi = True
           Exit Function
        Else
           For J = 1 To N
              X0(J) = X(J)
           Next
        End If
     Next
     Msg = "Jacobi 迭代了" + Str(M) + "次，没有得到方程组的解！"
     Jacobi = False
   End Function
End Class
```

3.1.3　算例及结果

用雅可比迭代法求解下列方程组的解

$$\begin{bmatrix} 5 & 2 & 1 \\ -1 & 4 & 2 \\ 2 & -3 & 10 \end{bmatrix}\begin{bmatrix} x_1 \\ x_2 \\ x_3 \end{bmatrix} = \begin{bmatrix} -12 \\ 20 \\ 3 \end{bmatrix}$$

参数输入及求解结果如图 3.2 所示。

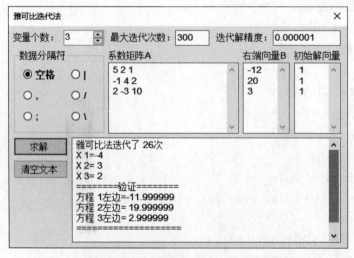

图 3.2　算例的雅可比迭代法求解结果

3.2 高斯-赛德尔迭代法

3.2.1 算法原理与步骤

在雅可比迭代法中，总是用前一次近似解分量 $x_i^{(k)}$ 来计算当前近似解分量 $x_i^{(k+1)}$ ($i = 1$, $2, 3, \cdots, n$)。实际上，此时分量 $x_1^{(k+1)} \sim x_{i-1}^{(k+1)}$ 均已求出，若方程组有解，可以设想第 $k+1$ 次迭代所得的近似解分量比第 k 次迭代所得的近似解分量更靠近精确解分量，所以用 $x_1^{(k+1)}$，$x_2^{(k+1)}$，$\cdots$，$x_{i-1}^{(k+1)}$ 代替 $x_1^{(k)}$，$x_2^{(k)}$，$\cdots$，$x_{i-1}^{(k)}$ 来计算 $x_i^{(k+1)}$，可能会得到更满意的结果，这种迭代方法就是高斯-赛德尔迭代法。

高斯-赛德尔迭代法的分量形式为

$$\begin{cases} x_1^{(k+1)} = (b_1 - a_{12}x_2^{(k)} - a_{13}x_3^{(k)} - a_{14}x_4^{(k)} - \cdots - a_{1n}x_n^{(k)})/a_{11} \\ x_2^{(k+1)} = (b_2 - a_{21}x_1^{(k+1)} - a_{23}x_3^{(k)} - a_{24}x_4^{(k)} - \cdots - a_{2n}x_n^{(k)})/a_{22} \\ \cdots\cdots\cdots\cdots \\ x_n^{(k+1)} = (b_n - a_{n1}x_1^{(k+1)} - a_{n2}x_2^{(k+1)} - a_{n3}x_3^{(k+1)} - \cdots - a_{n,n-1}x_{n-1}^{(k+1)})/a_{nn} \end{cases}$$

即

$$x_i^{(k+1)} = \left(b_i - \sum_{j=1}^{i-1} a_{ij}x_j^{(k+1)} - \sum_{j=i+1}^{n} a_{ij}x_j^{(k)} \right)/a_{ii} \qquad (i = 1, 2, \cdots, n)$$

高斯-赛德尔迭代法，每次都用到了已经求出的最新变量值，其收敛速度快于雅可比迭代法，且无须另外使用一个数组存储前一次的迭代结果。

为保证迭代过程的顺利进行，可将其与按列选主元方法结合使用，使 $|a_{ii}|$ 是一个相对较大的数。

采用按列选主元的高斯-赛德尔迭代求解线性方程组的算法步骤如下：

步骤 1：输入系数矩阵 A、方程组右端向量 b、方程组维数 n、控制精度 E、最大容许迭代次数 M 和解向量初值 $x = [x_1^{(0)}, x_2^{(0)}, \cdots, x_n^{(0)}]^T$。

对于 $k = 1, 2, \cdots, n$，执行步骤 2 到步骤 3。

步骤 2：寻找绝对值最大的元素 $a_{i_k k}$ 及对应的下标 i_k，

$$|a_{i_k k}| = \max_{k \le i \le n}\{|a_{ik}|\} \ne 0$$

步骤 3：若 $i_k \ne k$，分别交换 A 和 b 的第 k 行和第 i_k 行相应的元素，

$$a_{kj} \leftrightarrow a_{i_k, j} \ (k \le j \le n); \ b_k \leftrightarrow b_{i_k}; \ x_k \leftrightarrow x_{i_k}$$

对于 $k = 1, 2, 3, \cdots, M$，执行步骤 4 到步骤 5。

步骤 4：对于 $i = 1, 2, 3, \cdots, n$，执行

$$t_i = \left(b_i - \sum_{j=1, j \ne i}^{n} a_{ij}x_j \right)/a_{ii}$$

$$E_{\max} = \max\{|t_i - x_i|\}$$

$$x_i = t_i$$

步骤 5：若 $E_{\max} < E$，则输出解 x 和迭代次数 k，停止计算；否则，转到步骤 4。

步骤 6：输出"高斯-赛德尔法已迭代 M 次，没有得到符合要求的解"，停止计算。

说明：步骤 2 和步骤 3 是按列选主元的过程，经过选主元操作后的系数矩阵仍记为 A、右端向量仍记为 b，目的是保证 A 中主对角线上的元素是绝对值较大的元素。

3.2.2　算法实现程序

高斯-赛德尔迭代法程序界面参见图 3.1。

程序实现的主要代码如下：

（1）窗体单元代码。

```
Imports System.Math
Public Class frmMain
    Dim Seperator As Char
    '按钮 BtnResult 的 Click 事件。变量 A 存储方程组系数矩阵，变量 B 存储方程组
右端向量，变量 X 存储方程组解向量
    Private Sub BtnResult_Click(sender As Object, e As EventArgs) Handles BtnResult. Click
        Dim N As Integer, M As Integer, Iter As Integer, EE As Double, Success As Boolean,
Msg As String, A(, ) As Double, B() As Double, X() As Double
        N = UpDown.Value
        M = Val(EdtM.Text)
        EE = Val(EdtE.Text)
        ReDim A(N, N), B(N), X(N)
        GetSeperator()
        If Seperator = "" Then Exit Sub
        GetA(A)
        GetB(B, EdtB)
        GetB(X, EdtX)
        Success = GaussSeidel(X, Iter, A, B, EE, M, Msg)
        If Success = False Then
            MessageBox.Show(Msg)
            Exit Sub
        End If
        GetA(A)
        OutPutResult(A, X, Iter)
    End Sub
End Class
```

提取系数矩阵 **A** 的子程序 **GetA**、提取方程组右端向量 **B** 的子程序 **GetB**、提取系数矩阵 **A** 中数据分隔符的子程序 **GetSeperator**、按钮 BtnClear 的 **Click** 事件代码，参看 "3.1 雅可比迭代法"。

　　（2）公共单元（Moudle.VB 单元）代码。

Imports System.Math

Module Module1

　　'高斯-赛德尔迭代求解程序 **GaussSeidel**。输入矩阵 **A**、右端向量 **B**、迭代解精度 EE 及最大迭代次数 M，返回解向量 **X**、迭代次数 ITER 和消息 Msg；在本子程序里主要调用了按列选主元子程序 **XuanZhuYuanL** 和交换两个参数值的子程序 **SwapXY**

```
Function GaussSeidel(ByRef X() As Double, ByRef Iter As Integer, A(, ) As Double,
B() As Double, EE As Double, M As Integer, ByRef Msg As String)
    Dim I, J, K, IK As Integer, N As Integer, Sum, Del, Delmax, Tem, Amax
    N = UBound(B)
    Msg = ""
    For K = 1 To N
        XuanZhuYuanL(IK, Amax, A, K, N)
        If Amax< = 0.0000000001 Then
            MessageBox.Show("系数矩阵是奇异矩阵！")
            GaussSeidel = False
            Exit Function
        End If
        If IK <> K Then
            For J = K To N
                SwapXY(A(K, J), A(IK, J))
            Next
            SwapXY(B(K), B(IK))
            SwapXY(X(K), X(IK))
        End If
    Next
    Del = 0
    For K = 1 To M
        Delmax = 0
        For I = 1 To N
            Sum = 0
            For J = 1 To N
                If I <> J Then Sum = Sum + A(I, J) * X(J)
            Next
            Tem = (B(I) - Sum) / A(I, I): Del = Abs(Tem - X(I))
```

```
            X(I) = Tem
            If Del > Delmax Then Delmax = Del
        Next
        If Delmax< = EE Then
            Iter = K
            GaussSeidel = True
            Exit Function
        End If
    Next
    Msg = "高斯赛德尔法迭代了" + Str(M) + "次，没有得到方程组的解！"
    GaussSeidel = False
End Function
```

'选列主元子程序 **XuanZhuYuanL**。输入矩阵 **A**、矩阵维数 N 和消元次序 K，返回主元 Amax 及其所在行号 Ik

```
Sub XuanZhuYuanL(ByRef IK As Integer, ByRef Amax As Double, A(, ) As Double, K As Integer, N As Integer)
    Dim I As Integer
    Amax = 0
    For I = K To N
        If Abs(A(I, K)) > Amax Then
            Amax = Abs(A(I, K))
            IK = I
        End If
    Next
End Sub
```

'交换两个参数值的子程序 **SwapXY**。输入 X 和 Y，返回值交换后的 X 和 Y

```
Sub SwapXY(ByRef X As Double, ByRef Y As Double)
    Dim T As Double
    T = X: X = Y: Y = T
End Sub
```

3.2.3　算例及结果

用高斯-赛德尔迭代法求解下列方程组的解

$$\begin{bmatrix} 5 & 2 & 1 \\ -1 & 4 & 2 \\ 2 & -3 & 10 \end{bmatrix} \begin{bmatrix} x_1 \\ x_2 \\ x_3 \end{bmatrix} = \begin{bmatrix} -12 \\ 20 \\ 3 \end{bmatrix}$$

参数输入及求解结果如图 3.3 所示。

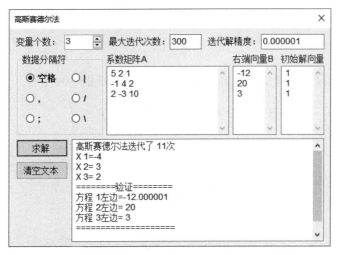

图 3.3　算例的高斯-赛德尔迭代法求解结果

3.3　超松弛迭代法

3.3.1　算法原理与步骤

线性方程组 $Ax = B$，若 A 非奇异，则对任意实数 $\omega \neq 0$，$Ax = B$ 等价于 $\omega(D-L)x = \omega Ux + \omega B$，即 $(D - \omega L)x = [(1-\omega)D + \omega U]x + \omega B$，从而得逐次超松弛（SOR）迭代格式：

$$x^{(k+1)} = G_\omega x^{(k)} + f \ (k = 0, 1, 2, \cdots)$$

其中，$G_\omega = (D - \omega L)^{-1}[(1-\omega)D + \omega U]$ 为逐次超松弛迭代矩阵；$f = \omega(D - \omega L)^{-1} B$。

设 $x^{(k)} = (x_1^{(k)}, x_2^{(k)}, \cdots, x_n^{(k)})^T$ 为 SOR 迭代格式所得的第 k 次迭代值，充分利用已经求出的近似解分量，则 SOR 方法的分量计算格式为

$$\begin{cases} x^{(0)} = (x_1^{(0)}, x_2^{(0)}, \cdots, x_n^{(0)})^T \\ x_i^{(k+1)} = (1-\omega)x_i^{(k)} + \omega \left(b_i - \sum_{j=1}^{i-1} a_{ij} x_j^{(k+1)} - \sum_{j=i+1}^{n} a_{ij} x_j^{(k)} \right) / a_{ii} \ (i = 1, 2, \cdots, n) \end{cases}$$

SOR 迭代法，每次都用到了已经求出的最新变量值，故无须另外使用一个数组存储前一次的迭代结果。

为保证迭代过程的顺利进行，可将其与按列选主元方法结合使用，使 $|a_{ii}|$ 是一个相对较大的数。

采用按列选主元的超松弛迭代法求解线性方程组的算法步骤如下：

步骤 1：输入系数矩阵 A、方程组右端向量 b、方程组维数 n、控制精度 E、松弛因子 ω、最大迭代次数 M 和解向量初值 $x = [x_1, x_2, \cdots, x_n]^T$。

对于 $k = 1, 2, \cdots, n$，执行步骤 2 到步骤 3。

步骤 2：寻找绝对值最大的元素 $a_{i_k k}$ 及对应的下标 i_k，

$$|a_{i_k k}| = \max_{k \leqslant i \leqslant n} \{|a_{ik}|\} \neq 0$$

步骤 3：若 $i_k \neq k$，分别交换 A 和 b 的第 k 行和第 i_k 行相应的元素，

$$a_{kj} \leftrightarrow a_{i_k, j} \qquad (k \leqslant j \leqslant n)$$

$$b_k \leftrightarrow b_{i_k}, \quad x_k \leftrightarrow x_{i_k}$$

对于 $k = 1, 2, 3, \cdots, M$，执行步骤 4 到步骤 5。

步骤 4：对于 $i = 1, 2, 3, \cdots, n$，执行

$$t_i = \omega \left(b_i - \sum_{j=1}^{n} a_{ij} x_j \right) / a_{ii}$$

$$E_{\max} = \max\{|t_i|\}$$

$$x_i = x_i + t_i$$

步骤 5：若 $E_{\max} < E$，则输出解 x，停止计算；否则，转至步骤 4。

步骤 6：输出"超松弛法已迭代 M 次，没有得到符合要求的解"，停止计算。

说明：步骤 2 和步骤 3 是按列选主元的过程，经过选主元操作后的系数矩阵仍记为 A、右端向量仍记为 b，目的是保证 A 中主对角线上的元素是绝对值较大的元素。

3.3.2 算法实现程序

超松弛迭代法程序界面如图 3.4 所示。

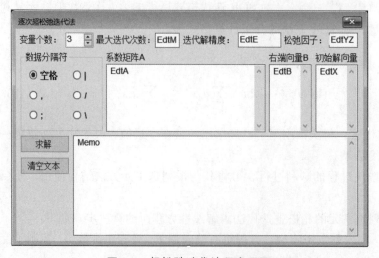

图 3.4　超松弛迭代法程序界面

程序实现的主要代码如下：

（1）窗体单元代码。

```
Imports System.Math
Public Class frmMain
    Dim Seperator As Char
    '按钮 BtnResult 的 Click 事件。变量 A 存储方程组系数矩阵，变量 B 存储方程组
右端向量，变量 X 存储方程组解向量
    Private Sub BtnResult_Click(sender As Object, e As EventArgs) Handles BtnResult.
Click
        Dim N As Integer, M As Integer, Iter As Integer, EE As Double, Success As Boolean,
Msg As String, A(, ) As Double, B() As Double, X() As Double, YZ As Double
        N = UpDown.Value
        M = Val(EdtM.Text)
        EE = Val(EdtE.Text)
        YZ = Val(EdtYZ.Text)
        ReDim A(N, N), B(N), X(N)
        GetSeperator()
        If Seperator = "" Then Exit Sub
        GetA(A)
        GetB(B, EdtB)
        GetB(X, EdtX)
        Success = S_O_R(X, Iter, A, B, EE, YZ, M, Msg)
        If Success = False Then
            MessageBox.Show(Msg)
            Exit Sub
        End If
        GetA(A)
        OutPutResult(A, X, Iter)
    End Sub
```

提取系数矩阵 **A** 的子程序 **GetA**、提取方程组右端向量 **B** 的子程序 **GetB**、提取系数矩阵 **A** 中数据分隔符的子程序 **GetSeperator**、按钮 BtnClear 的 **Click** 事件代码，参看"3.1雅可比迭代法"。

（2）公共单元（Moudle.VB 单元）代码。

```
Imports System.Math
Module Module1
    '超松弛迭代求解子程序 S_O_R。输入矩阵 A、右端向量 B、迭代解精度 EE、松弛
```

因子 YZ 及最大迭代次数 M，返回解向量 **X**、迭代次数 ITER 和消息 Msg

```
Function S_O_R(ByRef X() As Double, ByRef ITER As Integer, A(, ) As Double, B()
As Double, EE As Double, YZ As Double, M As Integer, ByRef Msg As String)
    Dim I, J, K, Ik, N As Integer, Sum, Delmax, DelX
    N = UBound(B)
    Msg = ""
    For K = 1 To M
        Delmax = 0
        For I = 1 To N
            Sum = 0
            For J = 1 To N
                If I <> J Then Sum = Sum + A(I, J) * X(J)
            Next
            DelX = YZ * (B(I) - Sum) / A(I, I)
            If Abs(DelX - YZ * X(I)) > Delmax Then Delmax = Abs(DelX - YZ * X(I))
            X(I) = (1 - YZ) * X(I) + DelX
        Next
        If Delmax< = EE Then
            ITER = K
            S_O_R = True
            Exit Function
        End If
    Next
    Msg = "SOR 迭代了" + Str(M) + "次，没有得到方程组的解！"
    S_O_R = False
End Function
End Module
```

3.3.3　算例及结果

用超松弛迭代法求解下列方程组的解

$$\begin{bmatrix} 5 & 2 & 1 \\ -1 & 4 & 2 \\ 2 & -3 & 10 \end{bmatrix}\begin{bmatrix} x_1 \\ x_2 \\ x_3 \end{bmatrix} = \begin{bmatrix} -12 \\ 20 \\ 3 \end{bmatrix}$$

参数输入及求解结果如图 3.5 所示。

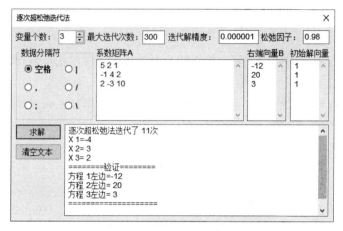

图 3.5　算例的超松弛迭代法求解结果

3.4　共轭梯度法

共轭梯度法是对最速下降法的改进，对矩阵的元素结构没有特殊要求，常用于求解大型稀疏矩阵的高阶线性方程组 $Ax = b$。

3.4.1　算法原理与步骤

对于系数矩阵为对称正定矩阵的线性方程组 $Ax = b$，构造函数 $f(x) = 0.5x^\mathrm{T}Ax - b^\mathrm{T}x$，则 $Ax = b$ 的求解问题就变为求 $f(x)$ 的极小值问题。将共轭性和最速下降方向结合起来，利用已知迭代点处的梯度方向构造一组共轭方向，并沿此方向进行搜索，求出 $f(x)$ 的极小点。

本算法的关键是解决两个问题：① 搜索(优化)方向；② 搜索(优化)步长。

当系数矩阵 A 不是对称正定矩阵时，构造函数 $f(x) = 0.5 \| Ax - b \|_2^2$，求其极小值可得线性方程组的解，算法如下：

（1）给定初始向量 x_0，第一步选取负梯度方向为搜索方向 P_0，于是有

$$S_0 = b - Ax_0, \quad P_0 = r_0 = A^\mathrm{T}S_0$$

其中：r_0 为负梯度方向。

（2）对于 $k = 0, 1, 2, \cdots$，若 $P_k = 0$，输出 x_k，计算结束；否则，按下面的顺序执行

$q_k = AP_k$

$\alpha_k = \dfrac{r_k^\mathrm{T} r_k}{q_k^T q_k}$ 　{计算搜索步长 α_k}

$x_{k+1} = x_k + \alpha_k P_k$ 　{更新解}

$S_{k+1} = S_k - \alpha_k q_k, \quad r_{k+1} = A^\mathrm{T}S_{k+1}$ 　{计算残差向量}

$$\beta_k = \frac{\pmb{r}_{k+1}^{\mathrm{T}} \pmb{r}_{k+1}}{\pmb{r}_k^{\mathrm{T}} \pmb{r}_k}, \quad \pmb{P}_{k+1} = \pmb{r}_{k+1} + \beta_k \pmb{P}_k \quad \{\text{计算新的搜索方向}\}$$

当然，本算法同样适用于求解系数矩阵为对称正定矩阵的线性方程组 $\pmb{Ax} = \pmb{b}$。

用共轭梯度法求解线性方程组的算法步骤如下：

步骤 1：输入系数矩阵 $\pmb{A}$、方程组右端向量 $\pmb{b}$、方程组维数 n、控制精度 E、最大容许迭代次数 M 和解向量初值 $\pmb{x}_0 = [x_1^{(0)}, \ x_2^{(0)}, \cdots, \ x_n^{(0)}]^{\mathrm{T}}$。

步骤 2：计算

$$\pmb{S}_0 = \pmb{b} - \pmb{A}\pmb{x}_0, \quad \pmb{P}_0 = \pmb{r}_0 = \pmb{A}^{\mathrm{T}} \pmb{S}_0$$

步骤 3：对于 $k = 1, 1, 2, \cdots, M$，若 $\| \pmb{P}_k \|_2 \leqslant E$，则输出解 $\pmb{x}_k$，停止计算；否则，按下面的顺序计算

$$\pmb{q}_k = \pmb{A}\pmb{P}_k$$

$$\alpha_k = \frac{\pmb{r}_k^{\mathrm{T}} \pmb{r}_k}{\pmb{q}_k^{\mathrm{T}} \pmb{q}_k} \quad \{\text{计算搜索步长 } \alpha_k\}$$

$$\pmb{x}_{k+1} = \pmb{x}_k + \alpha_k \pmb{P}_k \quad \{\text{更新解}\}$$

$$\pmb{S}_{k+1} = \pmb{S}_k - \alpha_k \pmb{q}_k, \quad \pmb{r}_{k+1} = \pmb{A}^{\mathrm{T}} \pmb{S}_{k+1} \quad \{\text{计算残差向量}\}$$

$$\beta_k = \frac{\pmb{r}_{k+1}^{\mathrm{T}} \pmb{r}_{k+1}}{\pmb{r}_k^{\mathrm{T}} \pmb{r}_k}, \quad \pmb{P}_{k+1} = \pmb{r}_{k+1} + \beta_k \pmb{P}_k \quad \{\text{计算新的搜索方向}\}$$

步骤 4：输出"共轭梯度法已迭代 M 次，没有得到符合要求的解"，停止计算。

3.4.2 算法实现程序

共轭梯度法程序界面参看图 3.1。

程序实现的主要代码如下：

（1）窗体单元代码。

```
Imports System.Math
Public Class frmMain
    Dim Seperator As Char
    '按钮 BtnResult 的 Click 事件。变量 A 存储方程组系数矩阵，变量 B 存储方程组
右端向量，变量 X 存储方程组解向量
    Private Sub BtnResult_Click(sender As Object, e As EventArgs) Handles BtnResult.
Click
        Dim N As Integer, M As Integer, Iter As Integer, EE As Double, Success As Boolean,
Msg As String, A(, ) As Double, B() As Double, X() As Double
        N = UpDown.Value
        M = Val(EdtM.Text)
        EE = Val(EdtE.Text)
```

```
ReDim A(N, N), B(N), X(N)
GetSeperator()
If Seperator = "" Then Exit Sub
GetA(A)
GetB(B, EdtB)
GetB(X, EdtX)
Success = G_E_T_D(X, Iter, A, B, EE, M, Msg)
If Success = False Then
    MessageBox.Show(Msg)
    Exit Sub
End If
GetA(A)
OutPutResult(A, X, Iter)
End Sub
```

提取系数矩阵 **A** 的子程序 **GetA**、提取方程组右端向量 **B** 的子程序 **GetB**、提取系数矩阵 **A** 中数据分隔符的子程序 **GetSeperator**、按钮 BtnClear 的 **Click** 事件代码，参看 "3.1 雅可比迭代法"。

（2）公共单元（Moudle.VB 单元）代码。

```
Imports System.Math
Module Module1
    '共轭梯度法求解子程序 G_E_T_D。输入矩阵 A、右端向量 B、迭代解精度 EE 及
```
最大迭代次数 M，返回解向量 **X**、迭代次数 ITER 和信息 Msg

```
    Function G_E_T_D(ByRef X() As Double, ByRef Iter As Integer, A(, ) As Double, B()
As Double, EE As Double, M As Integer, ByRef Msg As String)
        Dim I, J, K As Integer, N As Integer, Fanshu As Double, Alf, Bta, R, E2
        Dim QQ() As Double, SS() As Double, PP() As Double, RR() As Double, Tem() As
Double
        Dim TA(, ) As Double
        N = UBound(B)
        ReDim SS(N), QQ(N), PP(N), RR(N), Tem(N), TA(N, N)
        Msg = ""
        For I = 0 To N
            SS(I) = 0: QQ(I) = 0
            PP(I) = 0: RR(I) = 0
            For J = 0 To N
                TA(I, J) = 0
            Next
        Next
```

```
E2 = EE ^ 2
MatrixTrans(TA, A)
MatrixTimesVector(Tem, A, X)
VectorAplusVectorB(SS, B, Tem, -1)
MatrixTimesVector(RR, TA, SS)
For I = 0 To N
    PP(I) = RR(I)
Next
For K = 1 To M
    If FanShu2ofVector(PP)< = E2 Then
        Iter = K
        G_E_T_D = True
        Exit Function
    End If
    MatrixTimesVector(QQ, A, PP)
    Alf = NeiJiofVectorAB(RR, RR) / NeiJiofVectorAB(QQ, QQ)
    VectorAplusVectorB(X, X, PP, Alf)
    VectorAplusVectorB(SS, SS, QQ, -Alf)
    For I = 1 To N
        Tem(I) = RR(I)        'Old RR
    Next
    MatrixTimesVector(RR, TA, SS)        'Get New RR
    Bta = NeiJiofVectorAB(RR, RR) / NeiJiofVectorAB(Tem, Tem)
    VectorAplusVectorB(PP, RR, PP, Bta)
Next
Msg = "共轭梯度法迭代了" + Str(M) + "次，没有得到方程组的解！"
G_E_T_D = False
End Function
```

'求两个向量和的子程序 **VectorAPlusVectorB**。输入向量 **A**、**B** 和系数 fac，返回 **C** = **A**+fac×**B**

```
Sub VectorAplusVectorB(ByRef C() As Double, A() As Double, B() As Double, Fac As Double)
    Dim I As Integer
    For I = 1 To UBound(C)
        C(I) = A(I) + Fac * B(I)
    Next
End Sub
```

'求矩阵乘以向量的子程序 **MatrixTimesVector**。输入矩阵 **A** 和向量 **X**，返回 **Y** = **AX**

```
Sub MatrixTimesVector(ByRef Y() As Double, A(, ) As Double, X() As Double)
    Dim I As Integer, J As Integer, Sum As Double
    For I = 1 To UBound(X)
        Sum = 0
        For J = 1 To UBound(X)
            Sum = Sum + A(I, J) * X(J)
        Next
        Y(I) = Sum
    Next
End Sub
```

'求两个矩阵和的子程序 **MatrixAPlusMatrixB**。输入矩阵 **A** 和 **B**，fac 为系数，返回值 **C** = **A**+ fac×**B**

```
Sub MatrixAplusMatrixB(ByRef C(, ) As Double, A(, ) As Double, B(, ) As Double,
Fac As Double)
    Dim I As Integer, J As Integer, Rmax As Integer, Cmax As Integer
    Rmax = UBound(C, 1)
    Cmax = UBound(C, 2)
    For I = 1 To Rmax
        For J = 1 To Cmax
            C(I, J) = A(I, J) + Fac * B(I, J)
        Next
    Next
End Sub
```

'求两个矩阵乘积的子程序 **MatrixATimesMatrixB**。输入矩阵 **A** 和 **B**，返回 **C** = **AB**

```
Sub MatrixAtimesMatrixB(ByRef C(, ) As Double, A(, ) As Double, B(, ) As Double)
    Dim I As Integer, J As Integer, K As Integer, Rmax As Integer, Cmax As Integer,
Sum As Double
    Rmax = UBound(C, 1)
    Cmax = UBound(C, 2)
    For I = 1 To Rmax
        For J = 1 To Cmax
            Sum = 0
            For K = 1 To Cmax
                Sum = Sum + A(I, K) * B(K, J)
            Next
            C(I, J) = Sum
        Next
```

```
        Next
    End Sub
'求矩阵转置的子程序 MatrixTrans。输入矩阵 A，返回 A 的转置矩阵 TA
    Sub MatrixTrans(ByRef TA(, ) As Double, A(, ) As Double)
        Dim I As Integer, J As Integer, Rmax As Integer, Cmax As Integer
        Rmax = UBound(A, 1)
        Cmax = UBound(A, 2)
        For I = 1 To Rmax
            For J = 1 To Cmax
                TA(J, I) = A(I, J)
            Next
        Next
    End Sub
'求向量的 2-范数的子程序 FanShu2ofVector。输入向量 V，返回 V 的 2 范数
    Function FanShu2ofVector(V() As Double)
        Dim I As Integer, FS As Double
        FS = 0
        For I = 1 To UBound(V)
            FS = FS + V(I) ^ 2
        Next
        FanShu2ofVector = FS
    End Function
'求两个向量内积的子程序 NeiJiofVectorAB。输入向量 A、B，返回 A、B 的内积
(A, B)
    Function NeiJiofVectorAB(A() As Double, B() As Double)
        Dim I As Integer, Sum As Double
        Sum = 0
        For I = 1 To UBound(A)
            Sum = Sum + A(I) * B(I)
        Next
        NeiJiofVectorAB = Sum
    End Function
End Module
```

3.4.3 算例及结果

【算例 1】用共轭梯度法求解下列方程组的解

$$\begin{bmatrix} 5 & 2 & 1 \\ -1 & 4 & 2 \\ 2 & -3 & 10 \end{bmatrix} \begin{bmatrix} x_1 \\ x_2 \\ x_3 \end{bmatrix} = \begin{bmatrix} -12 \\ 20 \\ 3 \end{bmatrix}$$

参数输入及求解结果如图 3.6 所示。

【算例 2】用共轭梯度法求解下列方程组的解

$$\begin{bmatrix} 4 & 3 & 0 \\ 3 & 4 & -1 \\ 0 & -1 & 4 \end{bmatrix} \begin{bmatrix} x_1 \\ x_2 \\ x_3 \end{bmatrix} = \begin{bmatrix} 24 \\ 30 \\ -24 \end{bmatrix}$$

参数输入及求解结果如图 3.7 所示。

算例 1 的系数矩阵是非对称正定矩阵。共轭梯度法与雅可比迭代法、高斯-赛德尔迭代法和超松弛迭代法的算例相同，可以看到，共轭梯度法的收敛速度要比前三种方法快得多。

算例 2 的系数矩阵是对称正定矩阵。两个算例表明，共轭梯度法对线性方程组的系数矩阵没有特殊要求。

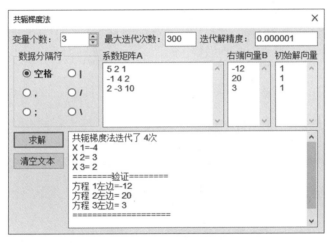

图 3.6　算例 1 的共轭梯度法求解结果

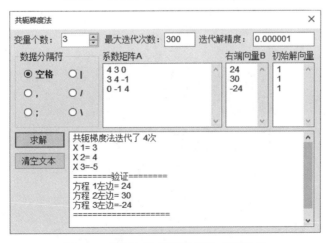

图 3.7　算例 2 的共轭梯度法求解结果

上机实验题

1. 编写高斯-赛德尔迭代法通用程序，并用其求解 $\begin{cases} 10x_1 - 2x_2 - x_3 = 0 \\ -2x_1 + 10x_2 - x_3 = -21 \\ -x_1 - 2x_2 + 5x_3 = -20 \end{cases}$，自取初始解，控制精度 10^{-5}。

2. 编写共轭梯度法通用程序，并用其求解上题中方程组，初始解取 $x = [1,1,1]^T$，控制精度 10^{-5}。

第 4 章　非线性方程组的数值解法

- -

n 维非线性方程组 $\boldsymbol{F(x)} = 0$ 的求解，是个求解多维空间解向量的问题，不动点迭代法和牛顿法依然是可行的方法。牛顿法以及基于牛顿法的迭代格式为 $\boldsymbol{x}_{k+1} = \boldsymbol{x}_k - [\boldsymbol{C}(\boldsymbol{x}_k)]^{-1} \boldsymbol{F}(\boldsymbol{x}_k)$ $(k = 0, 1, 2, \cdots)$，其中 $\boldsymbol{C}(\boldsymbol{x}_k)$ 为迭代矩阵，通过不断迭代，得精确解 $\boldsymbol{x}^*$ 的近似值序列 $\{\boldsymbol{x}_k\}$。如果序列 $\{\boldsymbol{x}_k\}$ 收敛，则 $\boldsymbol{x}_k \to \boldsymbol{x}^*$（$k \to \infty$）。

4.1　牛顿法

4.1.1　算法原理与步骤

n 维非线性方程组 $\boldsymbol{F(x)} = [f_1(\boldsymbol{x}), f_2(\boldsymbol{x}), \cdots f_n(\boldsymbol{x})]^{\mathrm{T}} = 0$ 的牛顿法迭代公式为

$$\boldsymbol{x}_{k+1} = \boldsymbol{x}_k - [\boldsymbol{J}(\boldsymbol{x}_k)]^{-1} \boldsymbol{F}(\boldsymbol{x}_k)$$

其中，$\boldsymbol{J}(\boldsymbol{x}_k)$ 表示 $\boldsymbol{F(x)}$ 在 $\boldsymbol{x}_k$ 处的雅可比矩阵，且

$$\boldsymbol{J}(\boldsymbol{x}_k) = \begin{bmatrix} \dfrac{\partial f_1(\boldsymbol{x}_k)}{\partial x_1} & \dfrac{\partial f_1(\boldsymbol{x}_k)}{\partial x_2} & \cdots & \dfrac{\partial f_1(\boldsymbol{x}_k)}{\partial x_n} \\[3mm] \dfrac{\partial f_2(\boldsymbol{x}_k)}{\partial x_1} & \dfrac{\partial f_2(\boldsymbol{x}_k)}{\partial x_2} & \cdots & \dfrac{\partial f_2(\boldsymbol{x}_k)}{\partial x_n} \\[3mm] \vdots & \vdots & & \vdots \\[2mm] \dfrac{\partial f_n(\boldsymbol{x}_k)}{\partial x_1} & \dfrac{\partial f_n(\boldsymbol{x}_k)}{\partial x_2} & \cdots & \dfrac{\partial f_n(\boldsymbol{x}_k)}{\partial x_n} \end{bmatrix}$$

实际应用中，通常不求 $[\boldsymbol{J}(\boldsymbol{x}_k)]^{-1}$，而是令 $\boldsymbol{y}_k = [\boldsymbol{J}(\boldsymbol{x}_k)]^{-1} \boldsymbol{F}(\boldsymbol{x}_k)$，通过求解线性方程组 $\boldsymbol{J}(\boldsymbol{x}_k) \boldsymbol{y}_k = \boldsymbol{F}(\boldsymbol{x}_k)$，得到向量 $\boldsymbol{y}_k$。

用牛顿迭代法求解非线性方程组 $\boldsymbol{F(x)} = 0$ 的算法步骤如下：

步骤 1：给出 $\boldsymbol{F(x)}$、由偏导数构成的 Jacobi 矩阵 $\boldsymbol{J(x)}$、输入初始解向量 $\boldsymbol{x}_0$、方程控制精度 $E1$、解控制精度 $E2$ 和最大迭代次数 M。

步骤 2：如果 $\| \boldsymbol{F}(\boldsymbol{x}_0) \| < E1$，输出 $\boldsymbol{x}_0$，计算结束；否则，向下执行。

对于 $k = 0, 1, 2, \cdots, M$，执行步骤 3 到步骤 6。

步骤 3：计算偏导数构成的 $\boldsymbol{J}(\boldsymbol{x}_k)$。

步骤 4：解线性方程组 $J(x_k)y_k = F(x_k)$，得 y_k。

步骤 5：$x_{k+1} = x_k - y_k$，计算 $F(x_{k+1})$。

步骤 6：如果 $\|y_k\| < E2$ 且 $\|F(x_{k+1})\| < E1$，输出 x_{k+1}，计算结束；否则，$x_k = x_{k+1}$，转到步骤 3。

步骤 7：输出"牛顿迭代法已迭代 M 次，没有得到符合要求的解"，停止计算。

4.1.2　算法实现程序

牛顿法程序界面如图 4.1 所示。

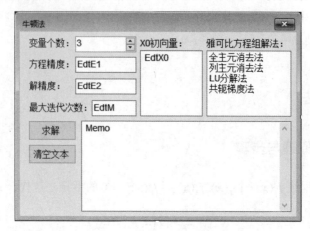

图 4.1　牛顿法程序界面

程序实现的主要代码如下：

（1）窗体单元代码。

```
Imports System.Math
Public Class frmMain
    Dim E1 As Double, E2 As Double, MethodInd As Integer
    '提取初始解向量子程序 GetX
    Private Sub GetX(X() As Double)
    Dim I As Integer, K As Integer, N As Integer, S As String
    N = UpDown.Value
    K = 0
    For I = 0 To EdtX0.Lines.Count - 1
        S = Trim(EdtX0.Lines(I))
        If S = "" Then Continue For
        K = K + 1
        If K > N Then Exit Sub
        X(K) = Val(S)
    Next
```

```
    End Sub
'求方程组 f(x)值的子程序 FCZ。输入 X 向量，返回方程组值的向量 F
    Private Sub FCZ(ByRef F() As Double, X() As Double)
        '这里写入方程组表达式
        F(1) = -Cos(X(1)) - 81 * X(1) + 9 * X(2) ^ 2 + 27 * Sin(X(3))
        F(2) = Sin(X(1)) - 3 * X(2) + Cos(X(3))
        F(3) = -2 * Cos(X(1)) + 6 * X(2) + 3 * Sin(X(3)) - 18 * X(3)
    End Sub
'求方程组 f(x)的 Jacobi 矩阵的子程序 WFJacobi。输入 X 向量，返回 Jacobi 矩阵 J
    Private Sub WFJacobi(ByRef J(, ) As Double, X() As Double)
        '这里写入微分形式的 Jacobi 矩阵表达式
        J(1, 1) = Sin(X(1)) - 81 :J(1, 2) = 18 * X(2)
        J(1, 3) = 27 * Cos(X(3)):J(2, 1) = Cos(X(1))
        J(2, 2) = −3:J(2, 3) = −Sin(X(3))
        J(3, 1) = 2 * Sin(X(1)):J(3, 2) = 6
        J(3, 3) = 3 * Cos(X(3)) - 18
    End Sub
'按钮 BtnResult 的 Click 事件。本过程调用了子程序 GetX 和牛顿法求解非线性方
程组的子程序 NewtonFCZ
    Private Sub BtnResult_Click(sender As Object, e As EventArgs) Handles BtnResult.
Click
        Dim N As Integer, M As Integer, X() As Double
        MethodInd = Methods.Items.IndexOf(Methods.SelectedItem)
        If MethodInd < 0 Then
            MessageBox.Show("请选择 Jacobi 方程组解法！")
            Exit Sub
        End If
        N = UpDown.Value:E1 = Val(EdtE1.Text)
        E2 = Val(EdtE1.Text):M = Val(EdtM.Text)
        ReDim X(N)
        GetX(X)
        NewtonFCZ(X, M)
    End Sub
'牛顿法求解非线性方程组的子程序 NewtonFCZ。输入初始解向量 X 和最大迭代
次数 M。调用了子程序 FCZ、FanShu1OfVector、OutPutXVector、WFJacobi 和 GetY
    Private Sub NewtonFCZ(X() As Double, M As Integer)
        Dim I, J, K, N As Integer, Msg As String, G(, ) As Double, F() As Double, Y() As Double
        N = UBound(X)
```

```
ReDim F(N), Y(N), G(N, N)
FCZ(F, X)
If Fanshu1OfVector(F) < E1 Then
  OutPutXVector(X, F, 0)
  Exit Sub
End If
For K = 0 To M
  WFJacobi(G, X)
  If MatrixIsQY(Msg, G, N) Then
    MessageBox.Show("雅可比矩阵" + Msg)
    Exit Sub
  End If
  If GetY(F, G) = False Then Exit Sub
  For I = 1 To N
    Y(I) = F(I):X(I) = X(I) - Y(I)
  Next
  FCZ(F, X)
  If Fanshu1OfVector(F) < E1 And FanShu1OfVector(Y) <E2 Then
    OutPutXVector(X, F, K)
    Exit Sub
  End If
Next
MessageBox.Show("牛顿法迭代了" + Str(M) + "次，没有找到方程组的解。")
End Sub
```

'求解雅可比线性方程组 $\mathbf{J}(\mathbf{x}_k)\mathbf{y}_{k} = \mathbf{F}(\mathbf{x}_k)$的子程序 **GetY**。输入雅可比矩阵 **G** 和右端向量 **F**，返回解向量 **Y**(存储在 **F** 里)。本过程根据选择的求解方法，调用相应的求解子程序

```
Private Function GetY(ByRef F() As Double, G(, ) As Double)
Dim I, M, N As Integer, EE As Double
N = UBound(F)
M = 300:EE = 0.00001
If MethodInd = 0 Then
  GetY = QZYGauss(G, F)
ElseIf MethodInd = 1 Then
  GetY = LZYGauss(G, F)
ElseIf MethodInd = 2 Then
  GetY = LU(G, F)
ElseIf MethodInd = 3 Then
  GetY = G_E_T_D(F, G, F, EE, M)
```

```
        End If
    End Function
    '输出求解结果子程序 OutPutXVector。输入根的近似值 X 向量、方程的值 F 向量
和迭代次数 ITER
    Private Sub OutPutXVector(X() As Double, F() As Double, Iter As Integer)
        Dim I As Integer
        Memo.AppendText("====" + Methods.SelectedItem.ToString + "====" + vbCrLf)
        For I = 1 To UBound(X)
            Memo.AppendText("X" + Str(I) + "=" + Str(Round(X(I) / E2) * E2) + vbCrLf)
        Next
        Memo.AppendText("=======验证======" + vbCrLf)
        For I = 1 To UBound(F)
            Memo.AppendText("方程" + Str(I) + "左边=" + Str(Round(F(I)/E1) * E1) + vbCrLf)
        Next
        Memo.AppendText("主程序迭代次数：" + Str(Iter) + vbCrLf)
        Memo.AppendText("================" + vbCrLf)
    End Sub
    '按钮 BtnClear 的 Click 事件。用于清除 Memo 里的内容
    Private Sub BtnClear_Click(sender As Object, e As EventArgs) Handles BtnClear.
Click
        Memo.Clear()
    End Sub
End Class
```

（2）公共单元（Moudle.VB 单元）代码。

```
Imports System.Math
Module Module1
    '交换两个浮点数 X 和 Y 的值的子程序 SwapXY
    Sub SwapXY(ByRef X As Double, ByRef Y As Double)
        Dim T As Double
        T = X:X = Y:Y = T
    End Sub
    '交换两个整数 X 和 Y 的值的子程序 SwapXY
    Sub SwapXY(ByRef X As Integer, ByRef Y As Integer)
        Dim T As Integer
        T = X:X = Y:Y = T
    End Sub
    '判断矩阵是否奇异的子程序 MatrixIsQY
    Function MatrixIsQY(ByRef Msg As String, A(, ) As Double, N As Integer)
```

```
            Dim I As Integer
            For I = 1 To N
                If Abs(A(I, I)) < = 0.0000000001 Then
                    Msg = "是奇异矩阵！"
                    MatrixIsQY = True
                    Exit Function
                End If
                MatrixIsQY = False
            Next
        End Function
```
'消元子程序 **XiaoYuan**。输入矩阵 **A**、向量 **B** 和消元次序 **K**，返回消元后的矩阵 **A** 和向量 **B**
```
        Sub XiaoYuan(ByRef A(, ) As Double, ByRef B() As Double, K As Integer)
            Dim I As Integer, J As Integer, N As Integer, M As Double
            N = UBound(B)
            For I = K + 1 To N
                M = A(I, K) / A(K, K)
                For J = K + 1 To N
                    A(I, J) = A(I, J) - M * A(K, J)
                Next
                B(I) = B(I) - M * B(K)
            Next
        End Sub
```
'回代求解子程序 **HuiDai**。输入消元计算后的矩阵 **A** 和向量 **B**，返回解向量(存储在向量 **B** 中)
```
        Sub HuiDai(ByRef A(, ) As Double, ByRef B() As Double)
            Dim I As Integer, J As Integer, N As Integer, Sum As Double
            N = UBound(B)
            B(N) = B(N) / A(N, N)
            For I = N - 1 To 1 Step -1
                Sum = 0
                For J = I + 1 To N
                    Sum = Sum + A(I, J) * B(J)
                Next
                B(I) = (B(I) - Sum) / A(I, I)
            Next
        End Sub
```
'选主元子程序 **XuanZhuYuanQ**，输入矩阵 **A**、矩阵维数 **N** 和消元次序 **K**，返回主

元 Amax 及其所在行号 Ik 和列号 Jk

```
      Sub XuanZhuYuanQ(ByRef IK As Integer, ByRef JK As Integer, ByRef Amax As
Double, A(, ) As Double, K As Integer, N As Integer)
          Dim I As Integer, J As Integer
          Amax = 0
          For I = K To N
            For J = K To N
              If Abs(A(I, J)) > Abs(Amax) Then
                Amax = Abs(A(I, J))
                IK = I: JK = J
              End If
            Next
          Next
      End Sub
```

'全主元高斯消去法求解子程序 **QZYGauss**。输入矩阵 **A** 及右端向量 **B**，返回解向量 (存储在 **B** 里)。在本子程序里主要调用了选主元子程序 **XuanZhuYuanQ**、消元子程序 **XiaoYuan** 和回代求解子程序 **HuiDai**；数组 Order 用于存放列变换后未知量 X 的排列次序

```
      Function QZYGauss(A(, ) As Double, ByRef B() As Double)
          Dim IK As Integer, JK As Integer, N As Integer, K As Integer, I, J, Amax As Double
          Dim Order() As Integer, Msg As String, X() As Double
          N = UBound(B)
          ReDim Order(N), X(N)
          For I = 1 To N
            Order(I) = I: X(I) = B(I)
          Next
          For K = 1 To N - 1
            XuanZhuYuanQ(IK, JK, Amax, A, K, N)
            If Amax < = 0.0000000001 Then
              MessageBox.Show("系数矩阵是奇异矩阵！")
              QZYGauss = False
              Exit Function
            End If
            If IK <> K Then
              For J = K To N
                SwapXY(A(K, J), A(IK, J))
              Next
              SwapXY(X(K), X(IK))
            End If
```

```
            If JK <> K Then
                For I = 1 To N
                    SwapXY(A(I, K), A(I, JK))
                Next
                SwapXY(Order(K), Order(JK))
            End If
            XiaoYuan(A, X, K)
        Next
        If MatrixIsQY(Msg, A, N) Then
            MessageBox.Show("系数矩阵" + Msg)
            QZYGauss = False
            Exit Function
        End If
        HuiDai(A, X)
        For K = 1 To N
            B(Order(K)) = X(K)
        Next
        QZYGauss = True
    End Function
```

'选列主元子程序 **XuanZhuYuanL**。输入矩阵 **A**、矩阵维数 N 和消元次序 K，返回主元 Amax 及其所在行号 Ik

```
    Sub XuanZhuYuanL(ByRef IK As Integer, ByRef Amax As Double, A(, ) As Double, K As Integer, N As Integer)
        Dim I As Integer
        Amax = 0
        For I = K To N
            If Abs(A(I, K)) > Abs(Amax) Then
                Amax = Abs(A(I, K)):IK = I
            End If
        Next
    End Sub
```

'列主元高斯消去法求解子程序 **LZYGauss**。输入矩阵 **A** 及右端向量 **B**，返回解向量(存储在 **B** 里)。在本子程序里主要调用了按列选主元子程序 **XuanZhuYuanL**、消元子程序 **XiaoYuan** 和回代求解子程序 **HuiDai**

```
    Function LZYGauss(A(, ) As Double, ByRef B() As Double)
        Dim IK As Integer, N As Integer, K As Integer, I, J, Amax As Double
        Dim Msg As String
        N = UBound(B)
```

```
    For K = 1 To N - 1
        XuanZhuYuanL(IK, Amax, A, K, N)
        If Amax < = 0.0000000001 Then
            MessageBox.Show("系数矩阵是奇异矩阵！")
            LZYGauss = False
            Exit Function
        End If
        If IK <> K Then
            For J = K To N
                SwapXY(A(K, J), A(IK, J))
            Next
            SwapXY(B(K), B(IK))
        End If
        XiaoYuan(A, B, K)
    Next
    If MatrixIsQY(Msg, A, N) Then
        MessageBox.Show("系数矩阵" + Msg)
        LZYGauss = False
        Exit Function
    End If
    HuiDai(A, B)
    LZYGauss = True
End Function
'按列选主元子程序 GetMaxandIK。返回主元绝对值 Amax 及所在行 IK
Sub GetMaxandIK(ByRef IK As Integer, ByRef Amax As Double, S() As Double, K
As Integer)
    Dim I As Integer
    Amax = 0
    For I = K To UBound(S)
        If Abs(S(I)) > Amax Then
            Amax = Abs(S(I)):IK = I
        End If
    Next
End Sub
'LU 分解子程序 GetLandU。输入矩阵 A，返回上三角矩阵 U、下三角矩阵 L(U 和
L 的元素依然存储在 A 中) 和行交换信息数组 Ind
Sub GetLandU(ByRef A(, ) As Double, ByRef Ind() As Integer)
    Dim I, R, K As Integer, N As Integer, Amax As Double, Sum As Double
```

```
Dim S() As Double
N = UBound(Ind)
ReDim S(N)
For R = 1 To N - 1
  For I = R To N
    Sum = 0
    For K = 1 To R - 1
      Sum = Sum + A(I, K) * A(K, R)
    Next
    S(I) = A(I, R) – Sum:A(I, R) = S(I)
  Next
  GetMaxandIK(Ind(R), Amax, S, R)
  If Amax < = 0.0000000001 Then
    MessageBox.Show("系数矩阵是奇异矩阵！")
    Exit Sub
  End If
  If Ind(R) <> R Then
    For I = 1 To N
      SwapXY(A(R, I), A(Ind(R), I))
    Next
    SwapXY(S(R), S(Ind(R)))
  End If
  For I = R + 1 To N
    A(I, R) = S(I) / A(R, R)
    Sum = 0
    For K = 1 To R - 1
      Sum = Sum + A(R, K) * A(K, I)
    Next
    A(R, I) = A(R, I) - Sum
  Next
Next
For K = 1 To N - 1
  A(N, N) = A(N, N) - A(N, K) * A(K, N)
Next
End Sub
```

'解方程组 **Ly = B** 的子程序 **GetYFromLandB**。输入向量 **B** 和 **L** 矩阵，返回结果存储在 **B** 中

```
Sub GetYFromLandB(ByRef B() As Double, L(, ) As Double)
```

```
    Dim I, J, N As Integer
    N = UBound(B)
    For I = 2 To N
        For J = 1 To I - 1
            B(I) = B(I) - L(I, J) * B(J)
        Next
    Next
End Sub
```

'LU 分解法求解子程序 **LU**。输入矩阵 **A** 和向量 **B**，返回解向量(存储在 **B** 内)，主要调用了 LU 分解子程序 **GetLandU** 和回代求解子程序 **GetYFromLandB**、**HuiDai**；其中的数组 Ind 存储子程序 **GetLandU** 中的行交换信息并返回到本子程序

```
    Function LU(A(, ) As Double, ByRef B() As Double)
        Dim I, J, N As Integer, Msg As String, Ind() As Integer
        N = UBound(B)
        ReDim Ind(N)
        GetLandU(A, Ind)    '将矩阵 A 分解为 L 和 U，仍存储在 A 里
        For I = 1 To N - 1
            If Ind(I) <> I Then SwapXY(B(I), B(Ind(I)))
        Next
        If MatrixIsQY(Msg, A, N) Then
            MessageBox.Show("矩阵" + Msg)
            LU = False
            Exit Function
        End If
        GetYFromLandB(B, A)    '解 LY = B，得 Y 向量，存储在 B 中返回
        HuiDai(A, B)    '解 UX = Y，得 X 向量(解向量)，存储在 B 中返回
        LU = True
    End Function
```

'求两个向量和的子程序 **VectorAplusVectorB**。输入向量 **A**、**B** 和系数 fac，返回 **C** = **A**+fac×**B**

```
    Sub VectorAplusVectorB(ByRef C() As Double, A() As Double, B() As Double, Fac As Double)
        Dim I As Integer
        For I = 1 To UBound(C)
            C(I) = A(I) + Fac * B(I)
        Next
    End Sub
```

'求矩阵乘以向量的子程序 **MatrixTimesVector**。输入矩阵 **A** 和向量 **X**，返回

$\mathbf{Y} = \mathbf{AX}$

```
Sub MatrixTimesVector(ByRef Y() As Double, A(, ) As Double, X() As Double)
Dim I As Integer, J As Integer, Sum As Double
For I = 1 To UBound(X)
    Sum = 0
    For J = 1 To UBound(X)
        Sum = Sum + A(I, J) * X(J)
    Next
    Y(I) = Sum
Next
End Sub
```

'求两个矩阵和的子程序 **MatrixAplusMatrixB**。输入矩阵 **A** 和 **B**，fac 为系数，返回值 **C** = **A**+ fac×**B**

```
Sub MatrixAplusMatrixB(ByRef C(, ) As Double, A(, ) As Double, B(, ) As Double, Fac As Double)
    Dim I As Integer, J As Integer, Rmax As Integer, Cmax As Integer
    Rmax = UBound(C, 1)
    Cmax = UBound(C, 2)
    For I = 1 To Rmax
        For J = 1 To Cmax
            C(I, J) = A(I, J) + Fac * B(I, J)
        Next
    Next
End Sub
```

'求两个矩阵乘积的子程序 **MatrixATimesMatrixB**。输入矩阵 **A** 和 **B**，返回 **C** = **AB**

```
Sub MatrixAtimesMatrixB(ByRef C(, ) As Double, A(, ) As Double, B(, ) As Double)
    Dim I As Integer, J As Integer, K As Integer, Rmax As Integer, Cmax As Integer, Sum As Double
    Rmax = UBound(C, 1)
    Cmax = UBound(C, 2)
    For I = 1 To Rmax
        For J = 1 To Cmax
            Sum = 0
            For K = 1 To Cmax
                Sum = Sum + A(I, K) * B(K, J)
            Next
            C(I, J) = Sum
        Next
```

```
        Next
    End Sub
'求矩阵转置的子程序 MatrixTrans。输入矩阵 A，返回 A 的转置矩阵 TA
    Sub MatrixTrans(ByRef TA(, ) As Double, A(, ) As Double)
        Dim I As Integer, J As Integer, Rmax As Integer, Cmax As Integer
        Rmax = UBound(A, 1)
        Cmax = UBound(A, 2)
        For I = 1 To Rmax
            For J = 1 To Cmax
                TA(J, I) = A(I, J)
            Next
        Next
    End Sub
'求向量 V 的 1-范数
    Function FanShu1ofVector(V() As Double)
        Dim I As Integer, FS As Double
        FS = 0
        For I = 1 To UBound(V)
            If Abs(V(I)) > FS Then FS = Abs(V(I))
        Next
        FanShu1ofVector = FS
    End Function
'求向量的 2-范数的子程序 FanShu2ofVector。输入向量 V，返回 V 的 2 范数
    Function FanShu2ofVector(V() As Double)
        Dim I As Integer, FS As Double
        FS = 0
        For I = 1 To UBound(V)
            FS = FS + V(I) ^ 2
        Next
        FanShu2ofVector = FS
    End Function
'求两个向量内积的子程序 NeiJiofVectorAB。输入向量 A、B，返回 A、B 的内积
(A, B)
    Function NeiJiofVectorAB(A() As Double, B() As Double)
        Dim I As Integer, Sum As Double
        Sum = 0
        For I = 1 To UBound(A)
            Sum = Sum + A(I) * B(I)
```

```
    Next
    NeiJiofVectorAB = Sum
End Function
'共轭梯度法求解子程序 G_E_T_D。输入矩阵 A、右端向量 B、迭代解精度 EE 及
最大迭代次数 M，返回解向量 X
    Function G_E_T_D(ByRef X() As Double, A(, ) As Double, B() As Double, EE As
Double, M As Integer)
    Dim I, J, K As Integer, N As Integer, Fanshu As Double, Alf, Bta, R, E2
    Dim QQ() As Double, SS() As Double, PP() As Double, RR() As Double, Tem() As
Double
    Dim TA(, ) As Double
    N = UBound(B)
    ReDim SS(N), QQ(N), PP(N), RR(N), Tem(N), TA(N, N)
    For I = 0 To N
        SS(I) = 0 : QQ(I) = 0
    PP(I) = 0: RR(I) = 0
        For J = 0 To N
            TA(I, J) = 0
        Next
    Next
    E2 = N * EE ^ 2
    MatrixTrans(TA, A)
    MatrixTimesVector(Tem, A, X)
    VectorAplusVectorB(SS, B, Tem, −1)
    MatrixTimesVector(RR, TA, SS)
    For I = 0 To N
        PP(I) = RR(I)
    Next
    For K = 1 To M
        If FanShu2ofVector(PP) < = E2 Then
            G_E_T_D = True
            Exit Function
        End If
        MatrixTimesVector(QQ, A, PP)
        Alf = NeiJiofVectorAB(RR, RR) / NeiJiofVectorAB(QQ, QQ)
        VectorAplusVectorB(X, X, PP, Alf)
        VectorAplusVectorB(SS, SS, QQ, -Alf)
        For I = 1 To N
```

```
        Tem(I) = RR(I)        'Old RR
     Next
     MatrixTimesVector(RR, TA, SS)        'Get New RR
     Bta = NeiJiofVectorAB(RR, RR) / NeiJiofVectorAB(Tem, Tem)
     VectorAplusVectorB(PP, RR, PP, Bta)
    Next
    MessageBox.Show("共轭梯度法迭代了" + Str(M) + "次，没有得到方程组的解！")
    G_E_T_D = False
  End Function
End Module
```

4.1.3 算例及结果

用牛顿法求解非线性方程组

$$\begin{cases} -\cos x_1 - 81x_1 + 9x_2^2 + 27\sin x_3 = 0 \\ \sin x_1 - 3x_2 + \cos x_3 = 0 \\ -2\cos x_1 + 6x_2 + 3\sin x_3 - 18x_3 = 0 \end{cases}$$

参数输入及求解结果如图 4.2 所示。当设初始解向量为$(1, 0, 0)^T$，雅可比线性方程组采用
列主元消去法求解时，主程序迭代 3 次就获得了满足精度要求的解。

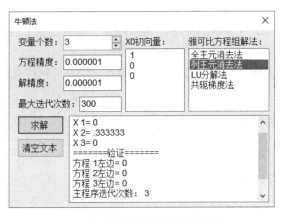

图 4.2 算例的牛顿法求解结果

4.2 差商格式牛顿法

4.2.1 算法原理与步骤

在"4.1 牛顿法"中，Jacobi 矩阵的计算，需要求非线性方程组 $\boldsymbol{F}(\boldsymbol{x})$ 对各变量的偏导

数，有可能因 Jacobi 矩阵计算困难，造成求解过程的不顺利。采用差商代替偏导数，可解决这一问题。

差商近似的第 j 列定义为

$$(J_k^h)_j = \frac{F(x_k + h_k^j I_j) - F(x_k)}{h_k^j} \quad 或 \quad (J_k^h)_j = \frac{F(x_k + h_k^j I_j) - F(x_k - h_k^j I_j)}{2h_k^j}$$

$$(j = 1, 2, 3, \cdots, n)$$

式中：$h_k^j = \sqrt{\varepsilon} \max\{|x_k^j|, \delta\}$；$\varepsilon$ 为控制精度；δ 为一正的小数；I 为单位矩阵。

差商格式牛顿法迭代格式为

$$x_{k+1} = x_k - [J_k^h]^{-1} F(x_k) \quad (k = 1, 2, 3, \cdots)$$

实际应用中，通常不求 $[J_k^h]^{-1}$，而是令 $y_k = [J_k^h]^{-1} F(x_k)$，通过求解线性方程组 $J_k^h y_k = F(x_k)$，得到向量 y_k。

用差商格式牛顿迭代法求解非线性方程组 $F(x) = 0$ 的算法步骤如下：

步骤 1：给出 $F(x)$、由差商格式构成的 Jacobi 矩阵 $J(x)$、输入初始解向量 x_0、方程控制精度 $E1$、解控制精度 $E2$ 和最大迭代次数 M。

步骤 2：如果 $\|F(x_0)\| < E1$，输出 x_0，计算结束；否则，向下执行。

对于 $k = 0, 1, 2, \cdots, M$，执行步骤 3 至步骤 6。

步骤 3：计算差商格式的 $J(x_k)$。

步骤 4：解线性方程组 $J(x_k) y_k = F(x_k)$，得 y_k。

步骤 5：$x_{k+1} = x_k - y_k$，计算 $F(x_{k+1})$。

步骤 6：如果 $\|y_k\| < E2$ 且 $\|F(x_{k+1})\| < E1$，输出 x_{k+1}，计算结束；否则，$x_k = x_{k+1}$，转到步骤 3。

步骤 7：输出"差商格式牛顿迭代法已迭代 M 次，没有得到符合要求的解"，停止计算。

4.2.2　算法实现程序

差商格式牛顿法程序界面参见图 4.1。

程序实现的主要代码如下：

（1）窗体单元代码。

```
Imports System.Math
Public Class frmMain
    Dim E1 As Double, E2 As Double, MethodInd As Integer
```
'求方程组 **f(x)** 的差商形式构成的 Jacobi 矩阵 **J** 的子程序 **CSJacobi**。输入 **X** 向量，返回矩阵 **J**
```
    Private Sub CSJacobi(ByRef J(, ) As Double, X() As Double)
        Dim X1() As Double, X2() As Double, F1() As Double, F2() As Double, DH As Double
        Dim I, K, N As Integer
```

```
        N = UBound(X)
        ReDim X1(N), X2(N), F1(N), F2(N)
        For K = 1 To N
            DH = Sqrt(E2) * Max(Abs(X(K)), 0.1)
            For I = 1 To N
                X1(I) = X(I): X2(I) = X(I)
            Next
            X2(K) = X(K) + DH: X1(K) = X(K) - DH
            FCZ(F1, X1): FCZ(F2, X2)
            For I = 1 To N
                J(I, K) = (F2(I) - F1(I)) / (2 * DH)    '三点微分公式求微分
            Next
        Next
    End Sub
```

'按钮 BtnResult 的 **Click** 事件。本过程调用了子程序 **GetX** 和牛顿法求解非线性方程组的子程序 **NewtonFCZ**

```
    Private Sub BtnResult_Click(sender As Object, e As EventArgs) Handles BtnResult.Click
        Dim N As Integer, M As Integer, X() As Double
        MethodInd = Methods.Items.IndexOf(Methods.SelectedItem)
        If MethodInd < 0 Then
            MessageBox.Show("请选择 Jacobi 方程组解法！")
            Exit Sub
        End If
        N = UpDown.Value: E1 = Val(EdtE1.Text)
        E2 = Val(EdtE1.Text): M = Val(EdtM.Text)
        ReDim X(N)
        GetX(X)
        NewtonFCZ(X, M)
    End Sub
```

'牛顿法求解非线性方程组的子程序 **NewtonFCZ**。输入初始解向量 **X** 和最大迭代次数 M。调用了子程序 **FCZ**、**FanShu1ofVector**、**OutPutXVector**、**CSJacobi** 和 **GetY**

```
    Private Sub NewtonFCZ(X() As Double, M As Integer)
        Dim I, J, K, N As Integer, Msg As String, G(, ) As Double, F() As Double, Y() As Double
        N = UBound(X)
        ReDim F(N), Y(N), G(N, N)
        FCZ(F, X)
```

```
If FanShu1ofVector(F) < = E1 Then
    OutPutXVector(X, F, 0)
    Exit Sub
End If
For K = 0 To M
    CSJacobi(G, X)
    If MatrixIsQY(Msg, G, N) Then
        MessageBox.Show("雅可比矩阵" + Msg)
        Exit Sub
    End If
    If GetY(F, G) = False Then Exit Sub
    For I = 1 To N
        Y(I) = F(I): X(I) = X(I) - Y(I)
    Next
    FCZ(F, X)
    If FanShu1ofVector(F) < = E1 And FanShu1ofVector(Y) < = E2 Then
        OutPutXVector(X, F, K)
        Exit Sub
    End If
Next
MessageBox.Show("牛顿法迭代了" + Str(M) + "次，没有找到方程组的解。")
    End Sub
End Class
```

提取初始解向量子程序 **GetX**、求方程组 *f(x)* 值的子程序 **FCZ**、求解雅可比线性方程组 $J(x_k)y_k = F(x_k)$ 的子程序 **GetY**、输出求解结果子程序 **OutPutXVector**、按钮 BtnClear 的 **Click** 事件，参看 "4.1 牛顿法"。

（2）公共单元（Moudle.VB 单元）代码。

参看 "4.1 牛顿法" 的公共单元代码。

4.2.3　算例及结果

用差商格式牛顿法求解非线性方程组的解

$$\begin{cases} -\cos x_1 - 81x_1 + 9x_2^2 + 27\sin x_3 = 0 \\ \sin x_1 - 3x_2 + \cos x_3 = 0 \\ -2\cos x_1 + 6x_2 + 3\sin x_3 - 18x_3 = 0 \end{cases}$$

参数输入及求解结果如图 4.3 所示。当设初始解向量为 $(1, 0, 0)^T$，雅可比线性方程组采用列主元消去法求解时，主程序迭代 3 次就获得了满足精度要求的解。

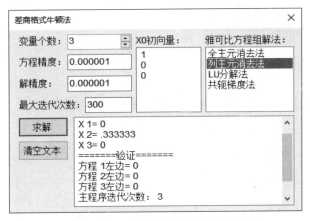

图 4.3　算例的差商格式牛顿法求解结果

4.3　阻尼策略牛顿法

4.3.1　算法原理与步骤

为了防止偏微分格式 Jacobi 矩阵或差商格式的 Jacobi 矩阵奇异，需要对 Jacobi 矩阵主对角线元素作处理，即用 $J(x)+\lambda_k I$ 代替 $J(x)$，其中，λ_k 是阻尼因子，既可以取定值，也可取变数，如

$$\lambda_{k+1} = \sqrt{\varepsilon} \max\{\max(|J_{ij}|),\lambda_k\}(i=1,2,\cdots,n)$$

迭代格式为

$$x_{k+1} = x_k - [J(x_k)+\lambda_k I]^{-1} F(x_k)$$

实际应用中，通常不求 $[J(x_k)+\lambda_k I]^{-1}$，而是令 $y_k = [J(x_k)+\lambda_k I]^{-1}F(x_k)$，通过求解线性方程组 $[J(x_k)+\lambda_k I]y_k = F(x_k)$，得到向量 y_k。

用阻尼策略牛顿迭代法求解非线性方程组 $F(x) = 0$ 的算法步骤如下：

步骤 1：给出 $F(x)$、由偏微分格式或差商格式构成的 Jacobi 矩阵 $J(x)$、输入初始解向量 x_0、方程控制精度 $E1$、解控制精度 $E2$、阻尼因子 λ_0 和最大迭代次数 M。

步骤 2：如果 $\|F(x_0)\|<E1$，输出 x_0，计算结束；否则，向下执行。

对于 $k = 0, 1, 2, \cdots, M$，执行步骤 3 至步骤 7。

步骤 3：计算 $J(x_k)$。

步骤 4：计算 λ_k 和 $J(x_k) = J(x_k)+\lambda_k I$。

步骤 5：解线性方程组 $J(x_k)y_k = F(x_k)$，得 y_k。

步骤 6：$x_{k+1} = x_k - y_k$，计算 $F(x_{k+1})$。

步骤 7：如果 $\|y_k\|<E2$ 且 $\|F(x_{k+1})\|<E1$，输出 x_{k+1}，计算结束；否则，$x_k = x_{k+1}$，转到步骤 3。

步骤 8：输出"阻尼策略牛顿迭代法已迭代 M 次，没有得到符合要求的解"，停止计算。

4.3.2 算法实现程序

阻尼策略牛顿法程序界面如图 4.4 所示。

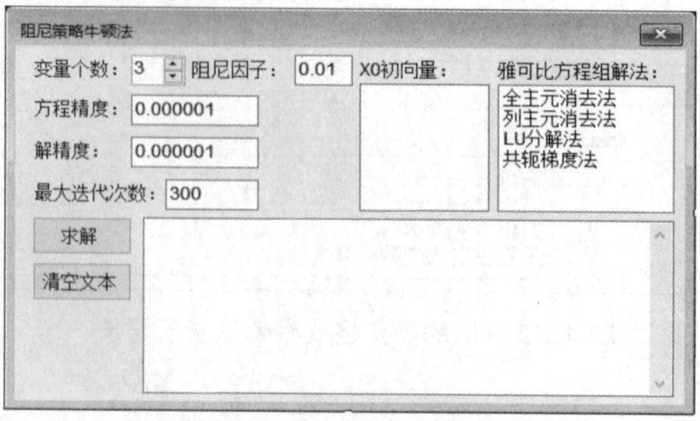

图 4.4 阻尼策略牛顿法程序界面

程序实现的主要代码如下：

（1）窗体单元代码。

```
Imports System.Math
Public Class frmMain
    Dim E1 As Double, E2 As Double, MethodInd As Integer
```

'按钮 BtnResult 的 **Click** 事件。本过程调用了子程序 **GetX** 和阻尼策略牛顿法求解非线性方程组的子程序 **DampNewtonFCZ**

```
    Private Sub BtnResult_Click(sender As Object, e As EventArgs) Handles BtnResult.Click
        Dim N As Integer, M As Integer, X() As Double, YZ As Double
        MethodInd = Methods.Items.IndexOf(Methods.SelectedItem)
        If MethodInd < 0 Then
            MessageBox.Show("请选择 Jacobi 方程组解法！")
            Exit Sub
        End If
        N = UpDown.Value:E1 = Val(EdtE1.Text)
        E2 = Val(EdtE1.Text):M = Val(EdtM.Text)
        YZ = Val(EdtYZ.Text)
        ReDim X(N)
        GetX(X)
        DampNewtonFCZ(X, YZ, M)
    End Sub
```

'阻尼策略牛顿法求解非线性方程组的子程序 **DampNewtonFCZ**。输入初始解向量

X、阻尼因子 YZ 和最大迭代次数 M。调用了子程序 **FCZ**、**FanShu1ofVector**、**OutPutXVector**、**CSJacobi** 和 **GetY**

```
Private Sub DampNewtonFCZ(X() As Double, YZ As Double, M As Integer)
    Dim I, J, K, N As Integer, Msg As String, JJ(, ) As Double, F() As Double, Y() As Double, XT() As Double, Amax As Double
    N = UBound(X)
    ReDim F(N), Y(N), JJ(N, N), XT(N)
    FCZ(F, X)
    If FanShu1ofVector(F) < = E1 Then
        OutPutXVector(X, F, 0)
        Exit Sub
    End If
    For K = 0 To M
        CSJacobi(JJ, X)
        For J = 1 To N
            Amax = 0
            For I = 1 To N
                If Abs(JJ(I, J)) > Amax Then Amax = Abs(JJ(I, J))
            Next
            YZ = Sqrt(E2) * Max(Amax, YZ)
            If JJ(J, J) > = 0 Then
                JJ(J, J) = JJ(J, J) + YZ
            Else
                JJ(J, J) = JJ(J, J) - YZ
            End If
        Next
        If GetY(F, JJ) = False Then Exit Sub
        For I = 1 To N
            Y(I) = F(I):X(I) = X(I) - Y(I)
        Next
        FCZ(F, X)
        If FanShu1ofVector(F) < = E1 And FanShu1ofVector(Y) < = E2 Then
            OutPutXVector(X, F, K)
            Exit Sub
        End If
    Next
    MessageBox.Show("阻尼策略牛顿法迭代了" + Str(M) + "次，没有找到方程组的解。")
```

End Sub

End Class

求方程组 **f(x)** 的差商形式构成的 Jacobi 矩阵 **J** 的子程序 **CSJacobi**、提取初始解向量子程序 **GetX**、求方程组 **f(x)** 值的子程序 **FCZ**、求解雅可比线性方程组 **J(x$_k$)y$_k$ = F(x$_k$)** 的子程序 **GetY**、输出求解结果子程序 **OutPutXVector**、按钮 BtnClear 的 **Click** 事件，参看"4.1 牛顿法"。

（2）公共单元（Moudle.VB 单元）代码。

参看"4.1 牛顿法"的公共单元代码。

4.3.3　算例及结果

用阻尼策略牛顿法求解非线性方程组的解

$$\begin{cases} -\cos x_1 - 81x_1 + 9x_2^2 + 27\sin x_3 = 0 \\ \sin x_1 - 3x_2 + \cos x_3 = 0 \\ -2\cos x_1 + 6x_2 + 3\sin x_3 - 18x_3 = 0 \end{cases}$$

参数输入及求解结果如图 4.5 所示。当设初始解向量为 $(1, 0, 0)^{\mathrm{T}}$，雅可比线性方程组采用全主元消去法求解时，主程序迭代 4 次就获得了满足精度要求的解。

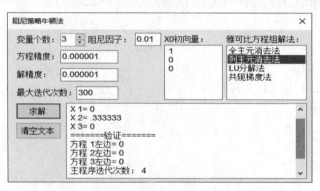

图 4.5　算例的阻尼策略牛顿法求解结果

4.4　线性搜索牛顿法

4.4.1　算法原理与步骤

当初始点不靠近解点时，基本牛顿法不理想，因为基本牛顿法不满足范数减小准则：

$$\|F(x_{k+1})\| < \|F(x_k)\|, \quad k = 0, 1, 2, \cdots$$

修改方法：$x_{k+1} = x_k - \omega_k J(x_k)^{-1} F(x_k)$，其中，$\omega_k$ 是步长因子，由某种线性搜索准则确定，使得充分性下降条件成立：

$$\|\boldsymbol{F}(\boldsymbol{x}_t)\| < (1 - \alpha\omega)\|\boldsymbol{F}(\boldsymbol{x}_k)\|, \quad 0 < \alpha < 1$$

其中，$\boldsymbol{x}_k$ 是当前点，$\boldsymbol{x}_t$ 是所得的试验点。

在实际应用中，通常不求 $\omega_k\boldsymbol{J}(\boldsymbol{x}_k)^{-1}$，而是令 $\boldsymbol{y}_k = \omega_k\boldsymbol{J}(\boldsymbol{x}_k)^{-1}\boldsymbol{F}(\boldsymbol{x}_k)$，通过求解线性方程组 $\boldsymbol{J}(\boldsymbol{x}_k)\boldsymbol{y}_k = \omega_k\boldsymbol{F}(\boldsymbol{x}_k)$，得到向量 $\boldsymbol{y}_k$。

用线性搜索牛顿法求解非线性方程组 $\boldsymbol{F}(\boldsymbol{x}) = 0$ 的算法步骤如下：

步骤 1：给出 $\boldsymbol{F}(\boldsymbol{x})$、由差商格式或偏导数构成的 Jacobi 矩阵 $\boldsymbol{J}(\boldsymbol{x})$、输入初始解向量 $\boldsymbol{x}_0$、方程控制精度 $E1$、解控制精度 $E2$、最大迭代次数 M 和步长因子 ω。

步骤 2：计算 $r_0 = \|\boldsymbol{F}(\mathbf{x}_0)\|$，如果 $r_0 < E1$，输出 $\boldsymbol{x}_0$，计算结束；否则，向下执行。

对于 $k = 0, 1, 2, \cdots, M$，执行步骤 3 至步骤 9。

步骤 3：计算 $\boldsymbol{J}(\boldsymbol{x}_k)$。

步骤 4：解线性方程组 $\boldsymbol{J}(\boldsymbol{x}_k)\boldsymbol{y}_k = \omega\boldsymbol{F}(\boldsymbol{x}_k)$，得 $\boldsymbol{y}_k$。

步骤 5：$\alpha = 1$。

步骤 6：$\boldsymbol{x}_t = \boldsymbol{x}_k - \alpha\boldsymbol{y}_k$，计算 $\boldsymbol{F}(\boldsymbol{x}_t)$ 和 $r_1 = \|\boldsymbol{F}(\boldsymbol{x}_t)\|$。

步骤 7：如果 $r_1 < E1$ 且 $\|\boldsymbol{y}_k\| < E2$，输出 $\boldsymbol{x}_t$，计算结束；否则，向下进行。

步骤 8：如果 $r_1 < (1 - \alpha\omega)r_0$，则 $r_0 = r_1$，$\boldsymbol{x}_k = \boldsymbol{x}_t$，转步骤 3；否则，向下进行。

步骤 9：$\alpha = \sigma\alpha$ $(0.1 \leqslant \sigma \leqslant 0.5)$，转步骤 6。

步骤 10：输出"线性搜索割线(牛顿)法代法已迭代 M 次，没有得到符合要求的解"，停止计算。

4.4.2 算法实现程序

线性搜索牛顿法程序界面参见图 4.4。

程序实现的主要代码如下：

（1）窗体单元代码。

```
Imports System.Math
Public Class frmMain
    Dim E1 As Double, E2 As Double, MethodInd As Integer
```

'按钮 BtnResult 的 **Click** 事件。本过程调用了子程序 **GetX** 和线性搜索牛顿法求解非线性方程组的子程序 **SearchNewtonFCZ**

```
    Private Sub BtnResult_Click(sender As Object, e As EventArgs) Handles BtnResult. Click
        Dim N As Integer, M As Integer, X() As Double, YZ As Double
        MethodInd = Methods.Items.IndexOf(Methods.SelectedItem)
        If MethodInd < 0 Then
            MessageBox.Show("请选择 Jacobi 方程组解法！")
            Exit Sub
        End If
        N = UpDown.Value: E1 = Val(EdtE1.Text)
```

```
        E2 = Val(EdtE1.Text): M = Val(EdtM.Text)
        YZ = Val(EdtYZ.Text)
        ReDim X(N)
        GetX(X)
        SearchNewtonFCZ(X, YZ, M)
    End Sub
```

'线性搜索牛顿法求解非线性方程组的子程序 **SearchNewtonFCZ**。输入初始解向量 **X**、步长因子 YZ 和最大迭代次数 M。调用了子程序 **FCZ**、**FanShu1ofVector**、**OutPutXVector**、**CSJacobi** 和 **GetY**

```
    Private Sub SearchNewtonFCZ(X() As Double, YZ As Double, M As Integer)
        Dim I, K, N As Integer, G(, ) As Double, F() As Double, Y() As Double, XT() As Double
        Dim R0 As Double, R1 As Double, Alf As Double
        N = UBound(X)
        ReDim F(N), Y(N), G(N, N), XT(N)
        FCZ(F, X)
        R0 = FanShu1ofVector(F)
        If R0 < = E1 Then
            OutPutXVector(X, F, 0)
            Exit Sub
        End If
        For K = 0 To M
            CSJacobi(G, X)
            If GetY(F, G) = False Then Exit Sub
            For I = 1 To N
                Y(I) = F(I)
            Next
            Alf = 1
1:      For I = 1 To N
                XT(I) = X(I) - Alf * Y(I)
            Next
            FCZ(F, XT)
            R1 = FanShu1ofVector(F)
            If R1 < = E1 And FanShu1ofVector(Y) < = E2 Then
                OutPutXVector(XT, F, K)
                Exit Sub
            End If
            If R1 < (1 - Alf * YZ) * R0 Then
                R0 = R1
```

```
                For I = 1 To N
                    X(I) = XT(I)
                Next
                Continue For
            Else
                Alf = 0.3 * Alf
                GoTo 1
            End If
        Next
        MessageBox.Show("线性搜索牛顿法迭代了" + Str(M) + "次，没有找到方程组的解。")
    End Sub
End Class
```

求方程组 *f(x)* 的差商形式构成的 Jacobi 矩阵 *J* 的子程序 **CSJacobi**、提取初始解向量子程序 **GetX**、求方程组 *f(x)* 值的子程序 **FCZ**、求解雅可比线性方程组 *J(x$_k$)y$_k$* = *F(x$_k$)* 的子程序 **GetY**、输出求解结果子程序 **OutPutXVector**、按钮 BtnClear 的 **Click** 事件，参看 "4.1 牛顿法"。

（2）公共单元（Moudle.VB 单元）代码。

参看 "4.1 牛顿法" 的公共单元代码。

4.4.3　算例及结果

用线性搜索牛顿法求解非线性方程组的解

$$\begin{cases} -\cos x_1 - 81x_1 + 9x_2^2 + 27\sin x_3 = 0 \\ \sin x_1 - 3x_2 + \cos x_3 = 0 \\ -2\cos x_1 + 6x_2 + 3\sin x_3 - 18x_3 = 0 \end{cases}$$

参数输入及求解结果如图 4.6 所示。当设初始解向量为 $(1, 0, 0)^T$，雅可比线性方程组采用列主元消去法求解时，主程序迭代 3 次就获得了满足精度要求的解。

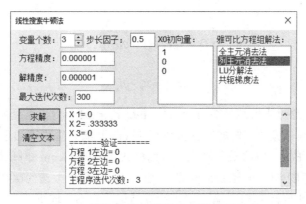

图 4.6　算例的线性搜索牛顿法求解结果

4.5　SOR 不精确牛顿法

4.5.1　算法原理与步骤

将第 k 次迭代的 Jacobi 矩阵 $J(x_k)$ 分解为 $J(x_k) = D_k - L_k - U_k$，即

$$
\boldsymbol{J} = \begin{bmatrix} J_{11} & & & & \\ & J_{22} & & & \\ & & \ddots & & \\ & & & J_{n-1,n-1} & \\ & & & & J_{nn} \end{bmatrix} - \begin{bmatrix} 0 & & & & \\ -J_{21} & 0 & & & \\ -J_{31} & -J_{32} & \ddots & & \\ \vdots & \vdots & & 0 & \\ -J_{n1} & -J_{n2} & \cdots & -J_{n,n-1} & 0 \end{bmatrix} -
$$

$$
\begin{bmatrix} 0 & -J_{12} & -J_{13} & \cdots & -J_{1n} \\ & 0 & -J_{23} & \cdots & -J_{2n} \\ & & \ddots & & \\ & & & 0 & -J_{n-1,n} \\ & & & & 0 \end{bmatrix}
$$

则采用 SOR 方法的牛顿步方程为

$$
\boldsymbol{J}(\boldsymbol{x}_k)\boldsymbol{d}_k = \boldsymbol{F}(\boldsymbol{x}_k)
$$

SOR 执行 m 次内迭代后，得

$$
\boldsymbol{d}_m = \omega(\boldsymbol{M}^{m-1} + \boldsymbol{M}^{m-2} + \cdots + \boldsymbol{I})(\boldsymbol{D}_k - \omega\boldsymbol{L}_k)^{-1}\boldsymbol{F}(\boldsymbol{x})
$$

其中：ω 为松弛因子。

将近似解 $\boldsymbol{x}_m = \boldsymbol{x} - \boldsymbol{d}_m$ 作为外迭代的新解 $\boldsymbol{x}_k$，则

$$
\boldsymbol{x}_k = \boldsymbol{x} - \boldsymbol{d}_m = \boldsymbol{x} - \omega(\boldsymbol{M}^{m-1} + \boldsymbol{M}^{m-2} + \cdots + \boldsymbol{I})(\boldsymbol{D}_k - \omega\boldsymbol{L}_k)^{-1}\boldsymbol{F}(\boldsymbol{x})
$$

取 $m = 1$，则有

$$
\boldsymbol{x}_k = \boldsymbol{x} - \omega(\boldsymbol{D}_k - \omega\boldsymbol{L}_k)^{-1}\boldsymbol{F}(\boldsymbol{x})
$$

故有

$$
(\boldsymbol{D}_k - \omega\boldsymbol{L}_k)\boldsymbol{d}_k = \omega\boldsymbol{F}(\boldsymbol{x}_k)
$$

迭代格式为

$$
\boldsymbol{x}_{k+1} = \boldsymbol{x}_k - \boldsymbol{d}_k
$$

实际应用中，通过求解线性方程组 $(\boldsymbol{D}_k - \omega\boldsymbol{L}_k)\boldsymbol{d}_k = \omega\boldsymbol{F}(\boldsymbol{x}_k)$，得到向量 $\boldsymbol{d}_k$。

用 SOR 不精确牛顿法求解非线性方程组 $\boldsymbol{F}(\boldsymbol{x}) = 0$ 的算法步骤如下：

步骤 1：给出 $\boldsymbol{F}(\boldsymbol{x})$、由偏微分格式或差商格式构成的 Jacobi 矩阵 $\boldsymbol{J}(\boldsymbol{x})$、输入初始解向量 $\boldsymbol{x}_0$、方程控制精度 $E1$、解控制精度 $E2$、松弛因子 ω 和最大迭代次数 M。

步骤 2：如果 $\|\boldsymbol{F}(\boldsymbol{x}_0)\| < E1$，输出 $\boldsymbol{x}_0$，计算结束；否则，向下执行。

对于 $k = 0, 1, 2, \cdots, M$，执行步骤 3 至步骤 7。

步骤 3：计算 $J(x_k)$。

步骤 4：将 $J(x_k)$ 分解为 $J(x_k) = D_k - L_k - U_k$，计算 $G(x_k) = D_k - \omega L_k$。

步骤 5：解线性方程组 $G(x_k)d_k = \omega F(x_k)$，得 d_k。

步骤 6：$x_{k+1} = x_k - d_k$，计算 $F(x_{k+1})$。

步骤 7：如果 $\|d_k\| < E2$ 且 $\|F(x_{k+1})\| < E1$，输出 x_{k+1}，计算结束；否则，$x_k = x_{k+1}$，转到步骤 3。

步骤 8：输出"SOR 不精确牛顿迭代法已迭代 M 次，没有得到符合要求的解"，停止计算。

4.5.2　算法实现程序

SOR 不精确牛顿法程序界面参见图 4.4。

程序实现的主要代码如下：

（1）窗体单元代码。

```
Imports System.Math
Public Class frmMain
    Dim E1 As Double, E2 As Double, MethodInd As Integer
```

'按钮 BtnResult 的 **Click** 事件。本过程调用了子程序 **GetX** 和 SOR 不精确牛顿法求解非线性方程组的子程序 **SORNewtonFCZ**

```
    Private Sub BtnResult_Click(sender As Object, e As EventArgs) Handles BtnResult.Click
        Dim N As Integer, M As Integer, X() As Double, YZ As Double
        MethodInd = Methods.Items.IndexOf(Methods.SelectedItem)
        If MethodInd < 0 Then
            MessageBox.Show("请选择 Jacobi 方程组解法！")
            Exit Sub
        End If
        N = UpDown.Value
        E1 = Val(EdtE1.Text):E2 = Val(EdtE1.Text)
        M = Val(EdtM.Text):YZ = Val(EdtYZ.Text)
        ReDim X(N)
        GetX(X)
        SORNewtonFCZ(X, YZ, M)
    End Sub
```

'SOR 不精确牛顿法求解非线性方程组的子程序 **SORNewtonFCZ**。输入初始解向量 **X**、松弛因子 YZ 和最大迭代次数 M。调用了子程序 **FCZ**、**FanShu1ofVector**、**OutPutXVector**、**CSJacobi** 和 **GetY**

```
        Private Sub SORNewtonFCZ(X() As Double, YZ As Double, M As Integer)
```

```
Dim I, J, K, N As Integer, G(, ) As Double, F() As Double, Y() As Double
N = UBound(X)
ReDim F(N), Y(N), G(N, N)
FCZ(F, X)
If FanShu1ofVector(F) < = E1 Then
   OutPutXVector(X, F, 0)
   Exit Sub
End If
For K = 0 To M
   CSJacobi(G, X)
   For I = 1 To N
     F(I) = YZ * F(I)
     For J = 1 To I - 1
        G(I, J) = YZ * G(I, J)
     Next
     For J = I + 1 To N
        G(I, J) = 0
     Next
   Next
   If GetY(F, G) = False Then Exit Sub
   For I = 1 To N
     Y(I) = F(I)
     X(I) = X(I) - Y(I)
   Next
   FCZ(F, X)
   If FanShu1ofVector(F) < = E1 And FanShu1ofVector(Y) < = E2 Then
      OutPutXVector(X, F, K)
      Exit Sub
   End If
Next
MessageBox.Show("SOR 不精确牛顿法迭代了" + Str(M) + "次，没有找到方程组
的解。")
   End Sub
End Class
```

求方程组 $f(x)$的差商形式构成的 Jacobi 矩阵 J 的子程序 **CSJacobi**、提取初始解向量子程序 **GetX**、求方程组 $f(x)$值的子程序 **FCZ**、求解雅可比线性方程组 $J(x_k)y_k = F(x_k)$的子程序 **GetY**、输出求解结果子程序 **OutPutXVector**、按钮 BtnClear 的 **Click** 事件，参看

"4.1 牛顿法"。

（2）公共单元（Moudle.VB 单元）代码。

参看"4.1 牛顿法"的公共单元代码。

4.5.3 算例及结果

用 SOR 不精确牛顿法求解非线性方程组的解

$$\begin{cases} -\cos x_1 - 81x_1 + 9x_2^2 + 27\sin x_3 = 0 \\ \sin x_1 - 3x_2 + \cos x_3 = 0 \\ -2\cos x_1 + 6x_2 + 3\sin x_3 - 18x_3 = 0 \end{cases}$$

参数输入及求解结果如图 4.7 所示。当设初始解向量为$(1, 0, 0)^{\mathrm{T}}$，雅可比线性方程组采用列主元消去法求解时，主程序迭代 5 次就获得了满足精度要求的解。

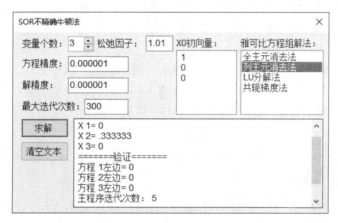

图 4.7 算例的 SOR 不精确牛顿法求解结果

4.6 Broyden 割线法

4.6.1 算法原理与步骤

割线法是对牛顿法的一种修正算法。割线法无须计算雅可比矩阵，而是用雅可比矩阵的近似来代替雅可比矩阵，即求 $\boldsymbol{B}_{k+1}$，使其满足：

$$\boldsymbol{B}_{k+1}(\boldsymbol{x}_{k+1} - \boldsymbol{x}_k) = \boldsymbol{F}(\boldsymbol{x}_{k+1}) - \boldsymbol{F}(\boldsymbol{x}_k)$$

令

$$\boldsymbol{s}_k = \boldsymbol{x}_{k+1} - \boldsymbol{x}_k, \quad \boldsymbol{y}_k = \boldsymbol{F}(\boldsymbol{x}_{k+1}) - \boldsymbol{F}(\boldsymbol{x}_k)$$

故有割线近似要满足的割线方程

$$y_k = B_{k+1}s_k$$

为了避免序列$\{s_k\}$线性相关，需对$\mathbf{B}_{k+1}$作一个校正。设$\mathbf{B}_{k+1} = \mathbf{B}_k + uv^\mathrm{T}$，两边同乘以$s_k$，则有

$$B_{k+1}s_k = B_k s_k + uv^\mathrm{T}s_k = y_k$$

从而

$$(v^\mathrm{T}s_k)u = y_k - B_k s_k$$

上式表明向量 u 在方向 $y_k - B_k s_k$ 之上。直接令 $u = y_k - B_k s_k$ ， $v^\mathrm{T}s_k = 1$ ，则有 $v = s_k / (s_k^\mathrm{T}s_k)$ ，从而得 Broyden 校正公式

$$B_{k+1} = B_k + \frac{(y_k - B_k s_k)s_k^\mathrm{T}}{s_k^\mathrm{T}s_k} , \quad s_k = -B_k^{-1}F(x_k)$$

用 Broyden 割线法求解非线性方程组 $F(x) = 0$ 的算法步骤如下：

步骤 1：给出 $F(x)$、由有限差分格式构成的 Jacobi 矩阵 $J(x)$、输入初始解向量 x_0、方程控制精度 $E1$、解控制精度 $E2$ 和最大迭代次数 M。

步骤 2：计算 $F_0 = F(x_0)$和 $B_0 = J(x_0)$。

步骤 3：如果$\|F_0\| < E1$，输出 x_0，计算结束；否则，向下执行。

对于 $k = 0, 1, 2, \cdots, M$，执行步骤 4 至步骤 8。

步骤 4：解线性方程组 $B_k s_k = -F_k = -F(x_k)$，得 s_k。

步骤 5：$x_{k+1} = x_k + s_k$，计算 $F_{k+1} = F(x_{k+1})$。

步骤 6：如果$\|s_k\| < E2$ 且$\|F_{k+1}\| < E1$，输出 x_{k+1}，计算结束；否则，向下进行。

步骤 7：$y_k = F_{k+1} - F_k$。

步骤 8：$B_{k+1} = B_k + \dfrac{(y_k - B_k s_k)s_k^\mathrm{T}}{s_k^\mathrm{T}s_k}$ ， $x_k = x_{k+1}$ ， $F_k = F_{k+1}$ ， $B_k = B_{k+1}$，转步骤 4。

步骤 9：输出"Broyden 割线法已迭代 M 次，没有得到符合要求的解"，停止计算。

4.6.2　算法实现程序

Broyden 割线法程序界面参见图 4.1 所示。

程序实现的主要代码如下：

（1）窗体单元代码。

```
Imports System.Math
Public Class frmMain
    Dim E1 As Double, E2 As Double, MethodInd As Integer
```
'按钮 BtnResult 的 **Click** 事件。本过程调用了子程序 **GetX** 和 Broyden 割线法求解非线性方程组的子程序 **BroyDenGX**
```
    Private Sub BtnResult_Click(sender As Object, e As EventArgs) Handles BtnResult.Click
        Dim N As Integer, M As Integer, X() As Double
```

```
        MethodInd = Methods.Items.IndexOf(Methods.SelectedItem)
        If MethodInd < 0 Then
            MessageBox.Show("请选择 Jacobi 方程组解法！")
            Exit Sub
        End If
        N = UpDown.Value: E1 = Val(EdtE1.Text)
        E2 = Val(EdtE1.Text): M = Val(EdtM.Text)
        ReDim X(N)
        GetX(X)
        BroyDenGX(X, M)
    End Sub
    '根据向量 Fk 和 Sk 求矩阵 Bk 的子程序 GetBK。输入 Fk 和 Sk，返回矩阵 Bk
    Private Sub GetBK(ByRef BK(, ) As Double, FK() As Double, SK() As Double)
        Dim I, J, K, N As Integer, Sum As Double, T1 As Double, TT(, ) As Double
        N = UBound(SK)
        ReDim TT(N, N)
        T1 = 0
        For I = 1 To N
            T1 = T1 + SK(I) ^ 2
        Next
        For I = 1 To N
            For J = 1 To N
                TT(I, J) = FK(I) * SK(J) / T1
            Next
        Next
        For I = 1 To N
            For J = 1 To N
                BK(I, J) = BK(I, J) - TT(I, J)
            Next
        Next
    End Sub
    'Broyden 割线法求解非线性方程组的子程序 BroydenGX。输入初始解向量 X 和最
大迭代次数 M。调用了子程序 FCZ、FanShu1ofVector、OutPutXVector、CFJacobi 和
GetY
    Private Sub BroydenGX(X() As Double, M As Integer)
        Dim I, J, K, N As Integer, F() As Double, FK() As Double, SK() As Double
        Dim BK(, ) As Double, B0(, ) As Double
        N = UBound(X)
```

```
ReDim F(N), FK(N), SK(N), B0(N, N), BK(N, N)
FCZ(F, X)
If FanShu1ofVector(F) < = E1 Then
  OutPutXVector(X, F, 0)
  Exit Sub
End If
CSJacobi(BK, X)
For I = 1 To N
  For J = 1 To N
    B0(I, J) = BK(I, J)
  Next
Next
For K = 0 To M
  If GetY(F, B0) = False Then Exit Sub
  For I = 1 To N
    SK(I) = F(I)
  Next
  For I = 1 To N
    X(I) = X(I) - SK(I)
  Next
  FCZ(FK, X)
  If FanShu1ofVector(FK) < = E1 And FanShu1ofVector(SK) < = E2 Then
    OutPutXVector(X, FK, K)
    Exit Sub
  End If
  GetBK(BK, FK, SK)
  For I = 1 To N
    For J = 1 To N
      B0(I, J) = BK(I, J)
    Next
    F(I) = FK(I)
  Next
Next
MessageBox.Show("Broyden 割线法迭代了" + Str(M) + "次，没有找到方程组的
解。")
  End Sub
End Class
```

求方程组 $f(x)$ 的差商形式构成的 Jacobi 矩阵 J 的子程序 **CSJacobi**、提取初始解向量

子程序 **GetX**、求方程组 **f(x)** 值的子程序 **FCZ**、求解雅可比线性方程组 **J(xₖ)yₖ = F(xₖ)** 的子程序 **GetY**、输出求解结果子程序 **OutPutXVector**、按钮 BtnClear 的 **Click** 事件，参看 "4.1 牛顿法"。

（2）公共单元（Moudle.VB 单元）代码。

参看 "4.1 牛顿法" 的公共单元代码。

4.6.3　算例及结果

用 Broyden 割线法求解非线性方程组的解

$$\begin{cases} -\cos x_1 - 81x_1 + 9x_2^2 + 27\sin x_3 = 0 \\ \sin x_1 - 3x_2 + \cos x_3 = 0 \\ -2\cos x_1 + 6x_2 + 3\sin x_3 - 18x_3 = 0 \end{cases}$$

参数输入及求解结果如图 4.8 所示。当设初始解向量为 $(1, 0, 0)^T$，雅可比线性方程组采用列主元消去法求解时，主程序迭代 5 次就获得了满足精度要求的解。

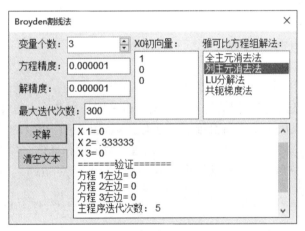

图 4.8　算例的 Broyden 割线法求解结果

上机实验题

1. 试分别用差商格式牛顿法和 Broyden 割线法编写程序求解非线性方程组 $\begin{cases} (x_1 + 3)(x_2^2 - 7) + 18 = 0 \\ \sin(x_2 e^{x_1} - 1) = 0 \end{cases}$，初始解 $\boldsymbol{x} = [-0.5, 1.4]^T$，控制精度 10^{-5}。

2. 用牛顿法求解非线性方程组 $\begin{cases} x_1^2 + x_2^2 - 1 = 0 \\ x_1^3 - x_2 = 0 \end{cases}$，初始解 $\boldsymbol{x} = [0.8, 0.6]^T$，控制精度 10^{-5}。

第5章　插值方法

已知某函数 $y = f(x)$ 在区间 $[a, b]$ 内若干点的函数值(和导数值)，如何求出 $f(x)$ 在 $[a, b]$ 上任一点处的近似值——函数的插值问题。根据函数 $f(x)$ 在节点的函数值及导数值，求出一个足够光滑且又简单的函数 $\varphi(x)$ 作为 $f(x)$ 的近似表达式，然后计算 $\varphi(x)$ 在 $[a, b]$ 上点 x 的值作为原来函数 $f(x)$ 在该点的近似值，$\varphi(x)$ 称为函数 $f(x)$ 在插值区间 $[a, b]$ 上的插值函数。插值是解决上述问题的一种有效方法，本章将给出几种选用代数多项式作为插值函数的多项式插值方法。

5.1　拉格朗日插值

5.1.1　算法原理与步骤

给定 $f(x)$ 在区间 $[a, b]$ 上 $n+1$ 个互异的节点 $x_i (i = 0, 1, \cdots, n)$ 以及这些节点上的函数值 $y_i = f(x_i)$，考虑利用这些节点构造基本多项式，再采用基本多项式的线性组合来构成插值多项式。拉格朗日插值法就是利用所给节点确定 n 次插值基函数（基本多项式）$l_i(x)$，再由插值基函数 $l_i(x)$ 构造插值多项式 $L_n(x)$ 来实现函数插值，插值多项式 $L_n(x)$ 在所有给定的节点处的函数值分别等于节点处给定的函数值，即 $L_n(x_i) = f(x_i)$。

设 $L_n(x) = \sum_{i=0}^{n} a_i l_i(x)$，$l_i(x) = A_i \prod_{j=0}^{n} (x - x_j), j \neq i$，根据 $L_n(x_i) = y_i$，$l_i(x_j) = \begin{cases} 1, i = j \\ 0, i \neq j \end{cases} (i, j = 0,$

$1, 2, \cdots, n)$，解得 $a_i = y_i$，$A_i = \left[\prod_{j=0}^{n} (x_i - x_j) \right]^{-1} (j \neq i)$。于是，拉格朗日插值多项式 $L_n(x)$ 可表示为

$$L_n(x) = \sum_{i=0}^{n} l_i(x) y_i = \sum_{i=0}^{n} \left(A_i \prod_{j=0}^{n} (x - x_j) \right) y_i, j \neq i$$

拉格朗日插值法的算法步骤如下：
步骤 1：输入插值点 $(x_i, y_i) (i = 0, 1, \cdots, n)$、计算点 X。
步骤 2：对于 $i = 0, 1, \cdots, n$，计算系数

$$A_i = \prod_{j=0}^{n} (x_i - x_j), j \neq i, \quad A_i = y_i / A_i$$

步骤 3：输出拉格朗日插值多项式

$$L_n(x) = A_0(x-x_1)(x-x_2)\cdots(x-x_n) + A_1(x-x_0)(x-x_2)\cdots(x-x_n)$$
$$+\cdots+ A_n(x-x_0)(x-x_1)\cdots(x-x_{n-1})$$

步骤 4：计算并输出计算点 X 的函数近似值

$$f(X) \approx L_n(X) = A_0(X-x_1)(X-x_2)\cdots(X-x_n) + A_1(X-x_0)(X-x_2)\cdots(X-x_n)+\cdots+$$
$$A_n(X-x_0)(X-x_1)\cdots(X-x_{n-1})$$

5.1.2 算法实现程序

拉格朗日插值程序界面如图 5.1 所示。

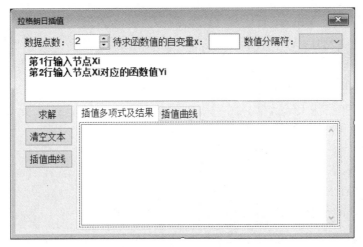

图 5.1 拉格朗日插值程序界面

程序实现的主要代码如下：

（1）窗体单元代码。

```
Imports System.Math
Public Class frmMain
    Dim AA() As Double, Seperator As Char
    '提取节点数据分隔符的子程序 GetSeperator
    Private Sub GetSeperator()
        If FGF.Text = "空格" Then
            Seperator = " "
        Else
            Seperator = FGF.Text
        End If
    End Sub
```

'提取节点数据子程序 **GetXY**。从表格里提取节点数据 x_i 和 y_i，分别存储在 **XX** 和 **YY** 数组里并返回

```
Private Sub GetXY(ByRef XX() As Double, ByRef YY() As Double)
    Dim A() As String, I As Integer, J As Integer, K As Integer, N As Integer, S As String
    N = UpDown.Value
    K = 0
    For I = 0 To EdtXY.Lines.Count - 1
        S = Trim(EdtXY.Lines(I))
        If S = "" Then Continue For
        A = S.Split(Seperator)
        K = K + 1
        If K = 1 Then
            For J = 0 To N - 1
                XX(J) = Val(A(J))
            Next
        ElseIf K = 2 Then
            For J = 0 To N - 1
                YY(J) = Val(A(J))
            Next
        Else
            Exit Sub
        End If
    Next
End Sub
```

'按钮 BtnResult 的 **Click** 事件

```
Private Sub BtnResult_Click(sender As Object, e As EventArgs) Handles BtnResult.Click
    Dim XX() As Double, YY() As Double, X As Double, Y As Double, N As Integer
    Dim Expression As String
    N = UpDown.Value - 1
    ReDim XX(N), YY(N), AA(N)
    GetSeperator()
    If Seperator = "" Then Seperator = " "
    GetXY(XX, YY)
    X = Val(EdtX.Text)
    LagrangeCZ(AA, XX, YY)
    Y = LagrangeCZValue(AA, XX, X)
    Expression = LagrangeCZExpression(AA, XX)
    OutPutResult(X, Y, Expression)
```

```vb
        BtnCurve.Enabled = True
    End Sub
    '输出计算结果子程序 OutPutResult。输出插值点 X、插值点的函数值 Y 和插值多
项式表达式
    Private Sub OutPutResult(X As Double, Y As Double, SS As String)
        Memo.AppendText(" ==拉格朗日插值法==" + vbCrLf)
        Memo.AppendText("当 x = " + Str(X) + "时，y = " + Format(Y, "0.######E+00") +
vbCrLf)
        Memo.AppendText("插值多项式 L(x) = " + SS + vbCrLf)
        Memo.AppendText("================" + vbCrLf)
    End Sub
    '按钮 BtnCurve 的 Click 事件。绘制插值多项式的函数图形
    Private Sub BtnCurve_Click(sender As Object, e As EventArgs) Handles BtnCurve.Click
        Dim XX() As Double, YY() As Double, I, N As Integer, X As Double, Y As Double,
DX As Double
        N = UpDown.Value - 1
        ReDim XX(N), YY(N)
        GetXY(XX, YY)
        Chart.Series(0).Points.Clear()
        Chart.Series(1).Points.Clear()
        For I = 0 To N
            Chart.Series(0).Points.AddXY(XX(I), YY(I))
        Next
        DX = (XX(N) - XX(0)) / 200
        For I = 0 To 199
            X = XX(0) + I * DX
            Y = LagrangeCZValue(AA, XX, X)
            Chart.Series(1).Points.AddXY(X, Y)
        Next
    End Sub
    '按钮 BtnClear 的 Click 事件。清除 Memo 里的内容
    Private Sub BtnClear_Click(sender As Object, e As EventArgs) Handles BtnClear.Click
        Memo.Clear()
    End Sub
    '文本框 EdtXY 的 Enter 事件。首次进入 EdtXY 时清除里面的内容
    Private Sub EdtXY_Enter(sender As Object, e As EventArgs) Handles EdtXY.Enter
        If FirstEnter = True Then
            EdtXY.Clear()
```

```vb
        EdtXY.ForeColor = Color.FromArgb(0, 0, 0)
      End If
    End Sub
    '文本框 EdtXY 的 LostFocus 事件。焦点离开 EdtXY 时改变 FirstEnter 的值
    Private Sub EdtXY_LostFocus(sender As Object, e As EventArgs) Handles EdtXY.LostFocus
      FirstEnter = False
    End Sub
End Class
```

（2）公共单元（Module.VB 单元）代码。

```vb
Imports System.Math
Module Module1
    'Lagrange 插值子程序 LagrangeCZ。输入节点数组 XX 及其函数值 YY，返回
Lagrange 插值多项式的系数
    Private Sub LagrangeCZ(ByRef A() As Double, XX() As Double, YY() As Double)
      Dim I, J, N As Integer, L As Double
      'XX 存放节点；YY 存放节点处的函数值；A 存放求得的插值多项式的系数
      N = UBound(XX)
      For I = 0 To N
        L = 1
        For J = 0 To N
          If I <> J Then L = L * (XX(I) - XX(J))     '求分母
        Next
        A(I) = YY(I) / L
      Next
    End Sub
    '计算插值点函数值的子程序 LagrangeCZValue。输入节点 XX、插值多项式的系
数 A 和插值点 X0，返回计算结果
    Private Function LagrangeCZValue(A() As Double, XX() As Double, X0 As Double)
      Dim Y As Double, T As Double, I, J, N As Integer
      N = UBound(A)
      Y = 0
      For I = 0 To N
        T = 1
        For J = 0 To N
          If I <> J Then T = T * (X0 - XX(J))     '求分子
        Next
        Y = Y + A(I) * T
      Next
```

```
        LagrangeCZValue = Y
    End Function
    '构造 Lagrange 插值多项式表达式的子程序 LagrangeCZExpression。输入节点 XX、
插值多项式的系数 A，返回插值多项式的表达式
    Private Function LagrangeCZExpression(A() As Double, XX() As Double)
        Dim I, J, N As Integer, SS As String, S As String
        'XX 存放节点；A 存放插值多项式的系数；返回表达式
        N = UBound(A)
        SS = ""
        For I = 0 To N
            If A(I) > = 0 Then
                S = "+(" + Format(A(I), "#.#####E+00") + ")"
            Else
                S = "-(" + Format(Abs(A(I)), "#.#####E+00") + ")"
            End If
            For J = 0 To N
                If I = J Then Continue For
                    If XX(J) > = 0 Then
                        S = S + "(X-" + Str(XX(J)) + ")"
                    Else
                        S = S + "(X+" + Str(Abs(XX(J))) + ")"
                    End If
                Next
                SS = SS + S
        Next
        LagrangeCZExpression = SS
    End Function
End Module
```

5.1.3 算例及结果

已知 $y = \lg x$ 的函数值如表所示，求其对应的拉格朗日插值公式，并计算拉格朗日插值公式在 $x = 354.5$ 的函数值。

表 5.1 $y = \lg x$ 的函数数

x	340	350	360	370
y	2.5315	2.5441	2.5563	2.5682

参数输入及求解结果如图 5.2 所示，拉格朗日插值曲线如图 5.3 所示。

插值多项式为

$$L(x) \approx -0.000422(x-350)(x-360)(x-370) + 0.001272(x-340)(x-360)(x-370)$$
$$- 0.001278(x-340)(x-350)(x-370) + 0.000428(x-340)(x-350)(x-360)$$

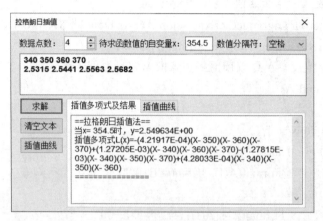

图 5.2 算例的拉格朗日插值法求解结果

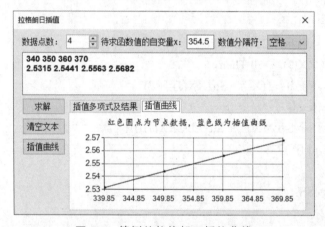

图 5.3 算例的拉格朗日插值曲线

5.2 牛顿插值

Lagrange 插值是采用基本多项式的线性组合构成插值多项式，其含义直观、形式对称。但是，如果已经做了一个 n 次插值多项式，又要增加一个节点求 $n+1$ 次插值多项式，就需要重新构造新的基本插值多项式，以前的计算结果就白白浪费。Newton 插值是一种逐步插值方式，可以克服这一不足，能够利用之前计算的结果而临时增加新的节点。

5.2.1 算法原理与步骤

给定 $f(x)$ 在区间 $[a, b]$ 上 $n+1$ 个互异的节点 x_i $(i = 0, 1, \cdots, n)$ 以及这些节点上的函数值

$f(x_i)$，则根据这些数据点构造的牛顿插值多项式为

$$N_n(x) = [1, \omega_1(x), \omega_2(x), \cdots, \omega_n(x)]c$$

其中： $\omega_k(x) = \prod_{i=0}^{k-1}(x - x_i), k = 1, 2, \cdots, n$ ； $c = \{f(x_0), f[x_0, x_1], f[x_0, x_1, x_2], \cdots, f[x_0, x_1, \cdots, x_n]\}^T$ 。

插值多项式 $N_n(x)$ 在所有给定的节点处的函数值分别等于节点处给定的函数值，即 $N_n(x_i) = f(x_i)$。所以，根据所给插值节点数据作差商表(均差表，见表 5.2)、求出系数向量 c 是牛顿插值的关键。

表 5.2 均差表

x_k	$f(x_k)$	一阶均差	二阶均差	三阶均差	四阶均差	...
x_0	$f(x_0)$ $(D_{0,0})$					
x_1	$f(x_1)$ $(D_{1,0})$	$D_{1,1} = \dfrac{D_{1,0} - D_{0,0}}{x_1 - x_0}$				
x_2	$f(x_2)$ $(D_{2,0})$	$D_{2,1} = \dfrac{D_{2,0} - D_{1,0}}{x_2 - x_1}$	$D_{2,2} = \dfrac{D_{2,1} - D_{1,1}}{x_2 - x_0}$			
x_3	$f(x_3)$ $(D_{3,0})$	$D_{3,1} = \dfrac{D_{3,0} - D_{2,0}}{x_3 - x_2}$	$D_{3,2} = \dfrac{D_{3,1} - D_{2,1}}{x_3 - x_1}$	$D_{3,3} = \dfrac{D_{3,2} - D_{2,2}}{x_3 - x_0}$		
$\vdots$						
x_n	$f(x_n)$ $(D_{n,0})$	$D_{n,1} = \dfrac{D_{n,0} - D_{n-1,0}}{x_n - x_{n-1}}$	$D_{n,2} = \dfrac{D_{n,1} - D_{n-1,1}}{x_n - x_{n-2}}$	$D_{n,3} = \dfrac{D_{n,2} - D_{n-1,2}}{x_n - x_{n-3}}$	$D_{n,4} = \dfrac{D_{n,3} - D_{n-1,3}}{x_n - x_{n-4}}$	

根据表 5.2 得

$$c = \{D_{0,0}, D_{1,1}, D_{2,2}, \cdots, D_{n,n}\}^T$$

牛顿插值法的算法步骤如下：

步骤 1：输入插值点 $(x_k, f(x_k))$ $(i = 0, 1, \cdots, n)$、计算点 X。

步骤 2：将节点上的函数值作为差商表的第 1 列：$D_{k,0} = f(x_k)$ $(k = 0, 1, \cdots, n)$。

步骤 3：对于 $k = 1, 2, \cdots, n$，作差商表

$$D_{k,i} = \frac{D_{k,i-1} - D_{k-1,i-1}}{x_k - x_{k-i}}, \quad i = 1, 2, \cdots, k$$

步骤 4：$c_i = D_{i,i}$ $(i = 0, 1, \cdots, n)$。

步骤 5：输出牛顿插值多项式

$$N_n(x) = c_0 + c_1(x - x_0) + c_2(x - x_0)(x - x_1) + \cdots + c_n(x - x_0)\cdots(x - x_n)$$

步骤 6：计算并输出计算点 X 的函数近似值

$$f(X) \approx N_n(X) = c_0 + c_1(X - x_0) + c_2(X - x_0)(X - x_1) + \cdots + c_n(X - x_0)\cdots(X - x_n)$$

5.2.2 算法实现程序

牛顿插值程序界面如图 5.1 所示
程序实现的主要代码如下：
（1）窗体单元代码。

```
Imports System.Math
Public Class frmMain
    Dim AA() As Double, Seperator As Char, FirstEnter As Boolean = True
    '按钮 BtnResult 的 Click 事件
    Private Sub BtnResult_Click(sender As Object, e As EventArgs) Handles BtnResult. Click
        Dim XX() As Double, YY() As Double, X As Double, Y As Double, N As Integer
        Dim Expression As String
        N = UpDown.Value - 1
        ReDim XX(N), YY(N), AA(N)
        GetSeperator()
        If Seperator = "" Then Seperator = " "
        GetXY(XX, YY)
        X = Val(EdtX.Text)
        NewtonCZ(AA, XX, YY)'Get AA()
        Y = NewtonCZValue(AA, XX, X)
        Expression = NewtonCZExpression(AA, XX)
        OutPutResult(X, Y, Expression)
        BtnCurve.Enabled = True
    End Sub
End Class
```

输出计算结果子程序 **OutPutResult**、提取节点数据分隔符的子程序 **GetSeperator**、提取节点数据子程序 **GetXY**、按钮 BtnClear 的 **Click** 事件代码、按钮 BtnCurve 的 **Click** 事件、文本框 EdtXY 的 **Enter** 事件代码、文本框 EdtXY 的 **LostFocus** 事件代码，参看"5.1 拉格朗日插值"。

（2）公共单元（Module.VB 单元）代码。

```
Imports System.Math
Module Module1
    'Newton 插值子程序 NewtonCZ。输入节点数组 XX 及其函数值 YY，返回插值多项式的系数
    Private Sub NewtonCZ(ByRef A() As Double, XX() As Double, YY() As Double)
        Dim C, R, N As Integer, DX As Double, DY As Double, F(, ) As Double
        'XX 存放节点；YY 存放节点处的函数值；A 存放求得的插值多项式的系数
        N = UBound(XX)
```

```
    ReDim F(N, N)
    For R = 0 To N
        F(R, 0) = YY(R)
    Next
    For R = 1 To N
        For C = 1 To R
            DX = XX(R) - XX(R - C)
            DY = F(R, C - 1) - F(R - 1, C - 1)
            F(R, C) = DY / DX
        Next
    Next
    For C = 0 To N
        A(C) = F(C, C)
    Next
End Sub
```

'计算插值点函数值的子程序 **NewtonCZValue**。输入节点 **XX**、插值多项式的系数 **A** 和插值点 X0，返回计算结果

```
    Private Function NewtonCZValue(A() As Double, XX() As Double, X0 As Double)
    Dim Y As Double, T As Double, C, R, N As Integer
    N = UBound(A)
    Y = A(0)
    For C = 1 To N
        T = 1
        For R = 1 To C
            T = T * (X0 - XX(R - 1))
        Next
        Y = Y + A(C) * T
    Next
    NewtonCZValue = Y
End Function
```

'构造 Newton 插值多项式表达式的子程序 **NewtonCZExpression**。输入节点 **XX**、插值多项式的系数 **A**，返回插值多项式的表达式

```
    Private Function NewtonCZExpression(A() As Double, XX() As Double)
    Dim I, J, N As Integer, SS As String, S As String
    'XX 存放节点；A 存放插值多项式的系数；返回表达式
    N = UBound(A)
    SS = Str(A(0))
    For I = 1 To N
```

```
        If A(I) > = 0 Then
            S = "+(" + Format(A(I), "#.#####E+00") + ")"
        Else
            S = "-(" + Format(Abs(A(I)), "#.#####E+00") + ")"
        End If
        For J = 1 To I
            If XX(J - 1) > = 0 Then
                S = S + "(X-" + Str(XX(J - 1)) + ")"
            Else
                S = S + "(X+" + Str(Abs(XX(J - 1))) + ")"
            End If
        Next
        SS = SS + S
    Next
    NewtonCZExpression = SS
  End Function
End Module
```

5.2.3　算例及结果

已知 $y = \lg x$ 的函数值如表 5.3 所示，求其对应的牛顿插值公式，并计算牛顿插值公式在 $x = 354.5$ 的函数值。

表 5.3　$y = \lg x$ 的函数值

x	340	350	360	370
y	2.5315	2.5441	2.5563	2.5682

参数输入及求解结果如图 5.4 所示。

插值多项式为

$$N(x) = 2.5315+0.00126(x-340)-(2E-6)(x-340)(x-350)+(1.7E-8)(x-340)(x-350)(x-360)$$

图 5.4　算例的牛顿插值法求解结果

5.3 Hermite 插值

5.3.1 算法原理与步骤

给定 $f(x)$ 在区间 $[a, b]$ 上 $n+1$ 个两两互异的节点 $x_i (i = 0, 1, \cdots, n)$、这些节点上的函数值 y_i 和导数 $y'_i, y''_i, \cdots, y^{(k)}_i$，则根据这些数据点可构造次数不超过 n 次的 Hermite 插值多项式。

因为含有导数条件，通常先用函数值条件构造出满足函数值条件的多项式，再利用待定系数法构造出同时满足导数条件和函数值条件的多项式。考虑 $f(x)$ 在区间 $[a, b]$ 上具有一阶导数的情况，借鉴 Lagrange 插值基函数的构造思想，来构造两组次数均为 $2n+1$ 的多项式 $\alpha_i(x)$ 和 $\beta_i(x)$，使其满足条件：

$$\alpha_i(x_j) = \begin{cases} 1, i = j \\ 0, i \neq j \end{cases}, \quad \alpha'_i(x_j) = 0 ; \quad \beta_i(x_j) = 0, \quad \beta'_i(x_j) = \begin{cases} 1, i = j \\ 0, i \neq j \end{cases} \quad (i, j = 0, 1, \cdots, n)$$

设 Hermite 插值多项式为 $H_{2n+1}(x)$，其在所有给定节点处的函数值和一阶导数值，分别等于各给定节点处的给定函数值和给定一阶导数值，即 $H_{2n+1}(x_i) = y_i$，$H'_{2n+1}(x_i) = y'_i$，则 $H_{2n+1}(x)$ 可表示为

$$H_{2n+1}(x) = \sum_{i=0}^{n} [y_i \alpha_i(x) + y'_i \beta_i(x)]$$

设
$$\alpha_i(x) = (ax+b) \cdot l_i^2(x), \quad \beta_i(x) = (cx+d) \cdot l_i^2(x)$$
根据前面的条件可求得

$$a = -2l'_i(x_i), \quad b = 1 + 2x_i l'_i(x_i), \quad c = 1, \quad d = -x_i$$

所以有

$$\alpha_i(x) = [1 - 2(x - x_i) l'_i(x_i)] l_i^2(x), \quad \beta_i(x) = (x - x_i) l_i^2(x)$$

其中：$l'_i(x_i) = \sum_{j=0}^{n} (x_i - x_j)^{-1}, j \neq i$，$i = 0, 1, \cdots, n$；$l_i(x) = \prod_{j=0}^{n} \dfrac{x - x_j}{x_i - x_j}, j \neq i$，$i = 0, 1, \cdots, n$。

Hermite 插值法的算法步骤如下：

步骤 1：输入插值点 (x_i, y_i) 及各节点处的一阶导数 $y'_i (i = 0, 1, \cdots, n)$、插值点 X。

步骤 2：对于 $i = 0, 1, \cdots, n$，计算

$$LP_i = \sum_{j=0}^{n} \frac{1}{x_i - x_j}, j \neq i$$

步骤 3：对于 $i = 0, 1, \cdots, n$ 和插值点 X，计算

$$l_i(X) = \prod_{j=0}^{n} \frac{X - x_j}{x_i - x_j}, j \neq i, \quad \alpha_i(X) = [1 - 2(X - x_i) LP_i] l_i^2(X), \quad \beta_i(X) = (X - x_i) l_i^2(X)$$

步骤 4：计算并输出计算点 X 的函数近似值

$$H_{2n+1}(X) = \sum_{i=0}^{n}[y_i\alpha_i(X) + y_i'\beta_i(X)]$$

5.3.2 算法实现程序

Hermite 插值程序界面如图 5.1 所示。

程序实现的主要代码如下：

（1）窗体单元代码。

```
Imports System.Math
Public Class frmMain
    Dim AA() As Double, Seperator As Char, FirstEnter As Boolean = True
    '提取节点 XX、节点函数值 YY 和节点一阶导数 YP 的子程序 GetXYP
    Private Sub GetXYP(ByRef XX() As Double, ByRef YY() As Double, ByRef YP() As Double)
        Dim A() As String, I As Integer, J As Integer, K As Integer, N As Integer, S As String
        N = UpDown.Value
        K = 0
        For I = 0 To EdtXY.Lines.Count - 1
          S = Trim(EdtXY.Lines(I))
          If S = "" Then Continue For
          A = S.Split(Seperator)
          K = K + 1
          If K = 1 Then
            For J = 0 To N - 1
              XX(J) = Val(A(J))
            Next
          ElseIf K = 2 Then
            For J = 0 To N - 1
              YY(J) = Val(A(J))
            Next
          ElseIf K = 3 Then
            For J = 0 To N - 1
              YP(J) = Val(A(J))
            Next
          Else
            Exit Sub
          End If
```

```
            Next
        End Sub
    '按钮 BtnResult 的 Click 事件
    Private Sub BtnResult_Click(sender As Object, e As EventArgs) Handles BtnResult. Click
        Dim XX() As Double, YY() As Double, YP() As Double, X As Double, Y As Double,
N As Integer
        N = UpDown.Value - 1
        ReDim XX(N), YY(N), YP(N), AA(N)
        GetSeperator()
        If Seperator = "" Then Seperator = " "
        GetXYP(XX, YY, YP)
        X = Val(EdtX.Text)
        Y = HermiteCZValue(XX, YY, YP, X)
        OutPutResult(X, Y)
        BtnCurve.Enabled = True
    End Sub
    '按钮 BtnCurve 的 Click 事件。绘制插值多项式的图形
    Private Sub BtnResult_Click(sender As Object, e As EventArgs) Handles BtnResult. Click
        Dim XX() As Double, YY() As Double, YP() As Double, X As Double, Y As Double,
N As Integer
        N = UpDown.Value - 1
        ReDim XX(N), YY(N), YP(N), AA(N)
        GetSeperator()
        GetXYP(XX, YY, YP)
        X = Val(EdtX.Text)
        Y = HermiteCZValue(XX, YY, YP, X)
        OutPutResult(X, Y)
        BtnCurve.Enabled = True
    End Sub
    '输出计算结果子程序 OutPutResult。
    Private Sub OutPutResult(X As Double, Y As Double)
        Memo.AppendText(" = = 埃尔米特插值法 ==" + vbCrLf)
        Memo.AppendText("当 x = " + Str(X) + "时, y = " + Format(Y, "0.######E+00") + vbCrLf)
        Memo.AppendText("================" + vbCrLf)
    End Sub
End Class
```

提取节点数据分隔符的子程序 **GetSeperator**、按钮 BtnClear 的 **Click** 事件代码、文本框 EdtXY 的 **Enter** 事件代码、文本框 EdtXY 的 **LostFocus** 事件代码，参看 "5.1 拉格

朗日插值"。

（2）公共单元（Module.VB 单元）代码。

Imports System.Math

Module Module1

'计算插值基函数导数的子程序 **ComputeLP**。输入节点数组 **XX**，返回插值基函数的一阶导数，存储在 **LP** 数组里

```
Private Sub ComputeLP(ByRef LP() As Double, XX() As Double)
    Dim I, J, N As Integer, Sum As Double
    N = UBound(LP)
    For I = 0 To N
        Sum = 0
        For J = 0 To N
            If I <> J Then Sum = Sum + 1 / (XX(I) - XX(J))
        Next
        LP(I) = Sum
    Next
End Sub
```

'计算插值基函数 $l_i(x)$ 在 X 处函数值的子程序 **LXValue**。输入 **XX** 和插值基函数 $l_i(x)$ 的序号 I，返回 $l_i(X)$

```
Private Function LXValue(XX() As Double, X As Double, I As Integer)
    Dim J, N As Integer, CJ As Double
    N = UBound(XX)
    CJ = 1
    For J = 0 To N
        If J <> I Then CJ = CJ * (X - XX(J)) / (XX(I) - XX(J))
    Next
    LXValue = CJ
End Function
```

'计算 Hermite 插值函数在 X 处函数值的子程序 **HermiteCZValue**。输入 **XX**、**YY**、**YP** 和 X，返回 H(X)

```
Private Function HermiteCZValue(XX() As Double, YY() As Double, YP() As Double, X As Double)
    Dim I, J, N As Integer, LP() As Double, Sum As Double, Alf As Double, Bta As Double, Lx As Double
    N = UBound(XX)
    ReDim LP(N)
    ComputeLP(LP, XX)
    Sum = 0
```

```
      For I = 0 To N
        Lx = LXValue(XX, X, I)
        Lx = Lx ^ 2
        Alf = (1 - 2 * (X - XX(I)) * LP(I)) * Lx
        Bta = (X - XX(I)) * Lx
        Sum = Sum + YY(I) * Alf + YP(I) * Bta
      Next
      HermiteCZValue = Sum
  End Function
End Module
```

5.3.3 算例及结果

已知 $y = \ln x$ 的函数值及其一阶导数如表 5.4 所示，计算 Hermite 插值公式在 $x = 0.6$ 的函数值。

表 5.4 $y = \ln x$ 的函数值及其一阶导数

x	0.4	0.5	0.7	0.8
y	−0.916291	−0.693174	−0.356675	−0.223144
y'	2.5	2	1.43	1.25

参数输入及求解结果如图 5.5 所示。

图 5.5 算例的 Hermite 插值法求解结果

5.4 三次样条插值

5.4.1 算法原理与步骤

当插值节点较多时，插值多项式的次数较高，容易出现龙格现象，而采用分段低次插值可避免龙格现象的发生。样条函数就是具有一定光滑度的分段插值函数，样点就是插值节点。给定函数 $y = f(x)$ 的样条节点 $x_0 < x_1 < \cdots < x_n$ 及对应的函数值 $y_i(i = 0, 1, \cdots, n)$，用三次样条函数求函数在插值点 X 的值。在每个区间 $[x_i, x_{i+1}]$ 上的三次样条函数可表示为

$$S(x) = M_i \frac{(x_{i+1} - x)^3}{6h_i} + M_{i+1} \frac{(x - x_i)^3}{6h_i} + \left(y_i - \frac{M_i h_i^2}{6} \right) \left(\frac{x_{i+1} - x}{h_i} \right) +$$

$$\left(y_{i+1} - \frac{M_{i+1} h_i^2}{6} \right) \left(\frac{x - x_i}{h_i} \right), \quad x \in [x_i, x_{i+1}], \quad i = 0, 1, \cdots, n-1$$

其中：$h_i = x_{i+1} - x_i$；$M_i = S''(x_i)$。

M_i 满足方程：

$$\mu_i M_{i-1} + 2M_i + \lambda_i M_{i+1} = d_i$$

其中：$\mu_i = \frac{h_{i-1}}{h_{i-1} + h_i}$；$\lambda_i = 1 - \mu_i$；$d_i = 6 \left(\frac{y_{i+1} - y_i}{h_i} - \frac{y_i - y_{i-1}}{h_{i-1}} \right) (h_{i-1} + h_i)^{-1}$，$i = 1, 2, \cdots, n-1$。

边界条件：

（1）第一型插值条件。

$$S'(x_0) = y'_0, \quad S'(x_n) = y'_n$$

即

$$2M_0 + M_1 = d_0, \quad M_{n-1} + 2M_n = d_n,$$

$$d_0 = \frac{6}{h_0} \left(\frac{y_1 - y_0}{h_0} - y'_0 \right), \quad d_n = \frac{6}{h_{n-1}} \left(y'_n - \frac{y_n - y_{n-1}}{h_{n-1}} \right)$$

（2）自然条件。

$$S''(x_1) = M_1 = 0, \quad S''(x_n) = M_n = 0$$

三次样条插值法的算法步骤如下：

步骤 1：输入插值点 (x_i, y_i) $(i = 0, 1, \cdots, n)$、y'_0、y'_n，计算点 X。

步骤 2：对于 $i = 1, 2, \cdots, n$，计算

$$h_{i-1} = x_i - x_{i-1}$$

步骤 3：计算

$$d_0 = \frac{6}{h_0} \left(\frac{y_1 - y_0}{h_0} - y'_0 \right), \quad d_n = \frac{6}{h_{n-1}} \left(y'_n - \frac{y_n - y_{n-1}}{h_{n-1}} \right), \quad \lambda_0 = \mu_n = 1$$

步骤 4：对于 $i = 1, 2, \cdots, n-1$，计算

$$\mu_i = \frac{h_{i-1}}{h_{i-1} + h_i}, \quad \lambda_i = 1 - \mu_i, \quad d_i = 6 \left(\frac{y_{i+1} - y_i}{h_i} - \frac{y_i - y_{i-1}}{h_{i-1}} \right) (h_{i-1} + h_i)^{-1}$$

步骤 5：解下列线性方程组，得 $M_0, M_1, M_2, \cdots, M_n$。

$$\begin{bmatrix} 2 & \lambda_0 & & & \\ \mu_1 & 2 & \lambda_1 & & \\ & \ddots & \ddots & \ddots & \\ & & \mu_{n-1} & 2 & \lambda_{n-1} \\ & & & \mu_n & 2 \end{bmatrix} \begin{bmatrix} M_0 \\ M_1 \\ \vdots \\ M_{n-1} \\ M_n \end{bmatrix} = \begin{bmatrix} d_0 \\ d_1 \\ \vdots \\ d_{n-1} \\ d_n \end{bmatrix}$$

步骤 6：判断插值点 X 所在区间 $[x_i, x_{i+1}]$，确定区间编号 i。

步骤 7：计算插值点 X 的三次样条函数值

$$S(X) = M_i \frac{(x_{i+1} - X)^3}{6h_i} + M_{i+1} \frac{(X - x_i)^3}{6h_i} + \left(y_i - \frac{M_i h_i^2}{6} \right) \left(\frac{x_{i+1} - X}{h_i} \right) +$$

$$\left(y_{i+1} - \frac{M_{i+1} h_i^2}{6} \right) \left(\frac{X - x_i}{h_i} \right), \ X \in [x_i, x_{i+1}]$$

步骤 8：输出计算结果和区间 $[x_i, x_{i+1}]$ 内的插值多项式，计算结束。

5.4.2 算法实现程序

三次样条插值程序界面参见图 5.1。

程序实现的主要代码如下：

（1）窗体单元代码。

```
Imports System.Math
Public Class frmMain
    Dim Seperator As Char, FirstEnter As Boolean = True
    '提取节点 XX、节点函数值 YY 和节点一阶导数 YP 的子程序 GetXYP
    Private Sub GetXYP(ByRef XX() As Double, ByRef YY() As Double, ByRef YP() As
Double)
        Dim A() As String, I As Integer, J As Integer, K As Integer, N As Integer, S As String
        N = UpDown.Value
        K = 0
        For I = 0 To EdtXY.Lines.Count - 1
            S = Trim(EdtXY.Lines(I))
            If S = "" Then Continue For
            A = S.Split(Seperator)
            K = K + 1
            If K = 1 Then
                For J = 0 To N - 1
                    XX(J) = Val(A(J))
```

```
        Next
    ElseIf K = 2 Then
      For J = 0 To N - 1
          YY(J) = Val(A(J))
      Next
    ElseIf K = 3 Then
      YP(0) = Val(A(0))
      YP(1) = Val(A(UBound(A)))
    Else
        Exit Sub
    End If
  Next
End Sub
```

'按钮 BtnResult 的 **Click** 事件

```
Private Sub BtnResult_Click(sender As Object, e As EventArgs) Handles BtnResult. Click
    Dim XX() As Double, YY() As Double, YP() As Double, M() As Double, H() As Double
    Dim Ind As Integer, N As Integer, X As Double, Y As Double, Expression As String
    N = UpDown.Value - 1
    ReDim XX(N), YY(N), YP(1), H(N - 1), M(N)
    GetSeperator()
    If Seperator = "" Then Seperator = " "
    GetXYP(XX, YY, YP)
    GetH(H, XX)
    GetM(M, YY, H, YP)
    X = Val(EdtX.Text)
    Y = SplineCZValue(M, H, XX, YY, X, Ind)
    Expression = SPLExpression(M, H, XX, YY, Ind)
    OutPutResult(X, Y, XX(Ind), XX(Ind + 1), Expression)
    BtnCurve.Enabled = True
End Sub
```

'输出计算结果子程序 **OutPutResult**。输出插值点 X、插值点的函数值 Y 和插值多项式表达式

```
Private Sub OutPutResult(X As Double, Y As Double, X1 As Double, X2 As Double,
SS As String)
    Memo.AppendText("===三次样条插值===" + vbCrLf)
    Memo.AppendText("当 x = " + Str(X) + "时，y = " + Format(Y, "0.######E+00") + vbCrLf)
    Memo.AppendText("函数在区间["+Str(X1)+", " +Str(X2)+"]内的插值多项式为：
"+vbCrLf)
```

```
      Memo.AppendText("S(X) = " + SS + vbCrLf)
      Memo.AppendText("================" + vbCrLf)
    End Sub
```

'按钮 BtnCurve 的 **click** 事件。绘制插值多项式的函数图形

```
  Private Sub BtnCurve_Click(sender As Object, e As EventArgs) Handles BtnCurve. Click
    Dim XX() As Double, YY() As Double, YP() As Double, H() As Double, M() As Double
    Dim I, Ind As Integer, N As Integer, X As Double, Y As Double, DX As Double
    N = UpDown.Value - 1
    ReDim XX(N), YY(N), YP(1), H(N - 1), M(N)
    GetXYP(XX, YY, YP)
    GetH(H, XX)
    GetM(M, YY, H, YP)
    X = Val(EdtX.Text)
    Chart.Series(0).Points.Clear()
    Chart.Series(1).Points.Clear()
    For I = 0 To N
      Chart.Series(0).Points.AddXY(XX(I), YY(I))
    Next
    DX = (XX(N) - XX(0)) / 200
    For I = 0 To 199
      X = XX(0) + I * DX
      Y = SplineCZValue(M, H, XX, YY, X, Ind)
      Chart.Series(1).Points.AddXY(X, Y)
    Next
  End Sub
End Class
```

提取节点数据分隔符的子程序 **GetSeperator**、按钮 BtnClear 的 **Click** 事件代码、文本框 EdtXY 的 **Enter** 事件代码、文本框 EdtXY 的 **LostFocus** 事件代码，参看 "5.1 拉格朗日插值"。

（2）公共单元（Module.VB 单元）代码。

```
Imports System.Math
Module Module1
  '计算各节点区间长度的子程序 GetH。输入节点数据 XX，返回区间长度 H
  Sub GetH(ByRef H() As Double, ByVal XX() As Double)
    Dim I, N As Integer
    N = UBound(XX)
    For I = 1 To N
```

```
        H(I - 1) = XX(I) - XX(I - 1)
    Next
End Sub
```

'计算插值多项式系数 M_i 的子程序 **GetM**。输入节点数据 **YY**、区间长度 **H** 和边界条件 **YP**，返回数组 **M**。调用了列主元高斯消去法程序 **LZYGauss**

```
Sub GetM(ByRef M() As Double, YY() As Double, H() As Double, YP() As Double)
    Dim A(, ) As Double, Miu() As Double, Lmd() As Double, B() As Double
    Dim I, J, N As Integer
    N = UBound(YY)
    ReDim Miu(N), Lmd(N), B(N + 1), A(N + 1, N + 1)
    B(1) = (YY(1) - YY(0)) / H(0) - YP(0):B(1) = 6 * B(1) / H(0)
    B(N + 1) = YP(1) - (YY(N) - YY(N - 1)) / H(N - 1)
    B(N + 1) = 6 * B(N + 1) / H(N - 1)
    Lmd(0) = 1:Miu(N) = 1
    For I = 1 To N - 1
        Miu(I) = H(I - 1) / (H(I - 1) + H(I))
        Lmd(I) = 1 - Miu(I)
        B(I + 1) = (YY(I + 1) - YY(I)) / H(I) - (YY(I) - YY(I - 1)) / H(I - 1)
        B(I + 1) = 6 * B(I + 1) / (H(I - 1) + H(I))
    Next
    For I = 1 To N
        For J = 1 To N
            If I = J - 1 Then
                A(I, J) = Lmd(I - 1)
            ElseIf I = J Then
                A(I, J) = 2
            ElseIf I = J + 1 Then
                A(I, J) = Miu(J)
            Else
                A(I, J) = 0
            End If
        Next
    Next
    A(N + 1, N + 1) = 2:A(N + 1, N) = Miu(N)
    A(N, N + 1) = Lmd(N - 1)
    LZYGauss(A, B)
    For I = 0 To N
```

```
            M(I) = B(I + 1)
       Next
   End Sub
'列主元高斯消去法子程序 LZYGauss
Function LZYGauss(A(, ) As Double, ByRef B() As Double)
    Dim IK As Integer, N As Integer, K As Integer, I, J, Amax As Double
    Dim Msg As String
    N = UBound(B)
    For K = 1 To N - 1
        XuanZhuYuanL(IK, Amax, A, K, N)
        If Amax < = 0.0000000001 Then
MessageBox.Show("系数矩阵是奇异矩阵！")
LZYGauss = False
Exit Function
        End If
        If IK <> K Then
            For J = K To N
                SwapXY(A(K, J), A(IK, J))
            Next
            SwapXY(B(K), B(IK))
        End If
        XiaoYuan(A, B, K)
    Next
    If MatrixIsQY(Msg, A, N) Then
        MessageBox.Show("系数矩阵" + Msg)
        LZYGauss = False
        Exit Function
    End If
    HuiDai(A, B)
    LZYGauss = True
End Function
'按列选主元子程序 XuanZhuYuanL
Sub XuanZhuYuanL(ByRef IK As Integer, ByRef Amax As Double, A(, ) As Double, K
As Integer, N As Integer)
    Dim I As Integer
    Amax = 0
    For I = K To N
```

```vb
        If Abs(A(I, K)) > Abs(Amax) Then
            Amax = Abs(A(I, K)):IK = I
        End If
    Next
End Sub
'交换两个参数值的子程序 SwapXY
Sub SwapXY(ByRef X As Double, ByRef Y As Double)
    Dim T As Double
    T = X : X = Y : Y = T
End Sub
'消元子程序
Sub XiaoYuan(ByRef A(, ) As Double, ByRef B() As Double, K As Integer)
    Dim I As Integer, J As Integer, N As Integer, M As Double
    N = UBound(B)
    For I = K + 1 To N
        M = A(I, K) / A(K, K)
        For J = K + 1 To N
            A(I, J) = A(I, J) - M * A(K, J)
        Next
        B(I) = B(I) - M * B(K)
    Next
End Sub
'回代求解子程序 HuiDai
Sub HuiDai(ByRef A(, ) As Double, ByRef B() As Double)
    Dim I As Integer, J As Integer, N As Integer, Sum As Double
    N = UBound(B)
    B(N) = B(N) / A(N, N)
    For I = N - 1 To 1 Step -1
        Sum = 0
        For J = I + 1 To N
            Sum = Sum + A(I, J) * B(J)
        Next
        B(I) = (B(I) - Sum) / A(I, I)
    Next
End Sub
'判断矩阵是否奇异的子程序 MatrixIsQY
Function MatrixIsQY(ByRef Msg As String, A(, ) As Double, N As Integer)
```

```vb
    Dim I As Integer
    For I = 1 To N
        If Abs(A(I, I)) < = 0.0000000001 Then
            Msg = "是奇异矩阵！"
            MatrixIsQY = True
            Exit Function
        End If
        MatrixIsQY = False
    Next
End Function
```

'计算插值点函数值的子程序 **SplineCZValue**。输入节点数据 **XX** 和 **YY**、区间长度 **H**、系数 **M** 和插值点 X0，返回插值点 X0 的函数值和 X0 所在区间序号 Ind

```vb
Function SplineCZValue(M() As Double, H() As Double, XX() As Double, YY() As Double, X0 As Double, ByRef Ind As Integer)
    Dim I, J As Integer, S1 As Double, S2 As Double, S3 As Double, S4 As Double
    For J = 1 To UBound(XX)
        If X0 < XX(J) Then
            I = J – 1:Ind = I
            Exit For
        End If
    Next
    S1 = M(I) * (XX(I + 1) - X0) ^ 3 / 6: S2 = M(I + 1) * (X0 - XX(I)) ^ 3 / 6
    S3 = (YY(I) - M(I) * H(I) ^ 2 / 6) * (XX(I + 1) - X0)
    S4 = (YY(I + 1) - M(I + 1) * H(I) ^ 2 / 6) * (X0 - XX(I))
    SplineCZValue = (S1 + S2 + S3 + S4) / H(I)
End Function
```

'构造并返回[X_{Ind}, X_{Ind+1}]内 Spline 插值多项式表达式的子程序 **SPLExpression**。输入节点数据 **XX** 和 **YY**、区间长度 **H**、系数 **M** 和插值点 X0 所在节点区间的序号

```vb
Function SPLExpression(M() As Double, H() As Double, XX() As Double, YY() As Double, Ind As Integer)
    Dim S As String, SS As String, S0 As String
    Dim H6, A1, A2, A3, A4
    S = "#.######E+00": H6 = 6 * H(Ind)
    A1 = M(Ind) / H6: S0 = "(" + Str(XX(Ind + 1)) + "-X)^3"
    If A1 < 0 Then
        SS = "-(" + Format(Abs(A1), S) + ")" + S0
    Else
```

```
            SS = "+(" + Format(A1, S) + ")" + S0
        End If
        A2 = M(Ind + 1) / H6: S0 = "(X-" + Str(XX(Ind)) + ")^3"
        If A2 < 0 Then
            SS = SS + "-(" + Format(Abs(A2), S) + ")" + S0
        Else
            SS = SS + "+(" + Format(A2, S) + ")" + S0
        End If
        A3 = YY(Ind) / H(Ind) - M(Ind) * H(Ind) / 6
        S0 = "(" + Str(XX(Ind + 1)) + "-X)"
        If A3 < 0 Then
            SS = SS + "-(" + Format(Abs(A3), S) + ")" + S0
        Else
            SS = SS + "+(" + Format(A3, S) + ")" + S0
        End If
        A4 = YY(Ind + 1) / H(Ind) - M(Ind + 1) * H(Ind) / 6
        S0 = "(X-" + Str(XX(Ind)) + ")"
        If A4 < 0 Then
            SS = SS + "-(" + Format(Abs(A4), S) + ")" + S0
        Else
            SS = SS + "+(" + Format(A4, S) + ")" + S0
        End If
        SPLExpression = SS
    End Function
End Module
```

5.4.3 算例及结果

已知 $y = \ln x$ 的函数值及其一阶导数如表 5.5 所示，计算三次样条插值公式在 $x = 0.6$ 的函数值。

表 5.5 $y = \ln x$ 的函数值及其一阶导数

x	0.4	0.5	0.7	0.8
y	−0.916291	−0.693174	−0.356675	−0.223144
y'	2.5			1.25

参数输入及求解结果如图 5.6 所示。

图 5.6　算例的三次样条插值法求解结果

上机实验题

1. 试编写 Lagrange 插值通用程序，并据此由下表数据计算 ln0.555 的近似值。

x_i	0.4	0.5	0.6	0.7	0.8
$\ln(x_i)$	−0.9162907	−0.6931472	−0.5108256	−0.3566749	−0.2231436

2. 试编写 Newton 插值通用程序，并据上题的数据计算 ln0.55 的近似值。

第6章　曲线拟合

- -

数据拟合是在 2-范数意义下寻求系列离散数据点最优近似曲线的方法，反映变量之间的依赖关系，但并不要求曲线通过所有离散点(x_i, y_i) $(i = 0, 1, \cdots, m)$。本章主要介绍离散数据的多项式函数的最小二乘拟合和非线性函数的最小二乘拟合方法。

6.1　多项式函数的最小二乘拟合

6.1.1　算法原理与步骤

离散数据的曲线拟合问题实质上是一个多元函数的优化问题。设拟合多项式为

$$s(x) = \sum_{k=0}^{n} \lambda_k \varphi_k(x)$$

其中：$\{\varphi_k(x)\}_{k=0}^{n}$ 线性无关，且都是不超过 n 次的多项式。

记

$$I(\lambda_0, \lambda_1, \cdots, \lambda_n) = \sum_{i=0}^{m} \omega_i [s(x_i) - y_i]^2 = \sum_{i=0}^{m} \omega_i [\sum_{k=0}^{n} \lambda_k \varphi_k(x_i) - y_i]^2$$

其中：(x_i, y_i)是离散数据；ω_i是与(x_i, y_i)对应的权数$(i = 0, 1, 2, \cdots, m)$。

由 $\partial I / \partial \lambda_k = 0$ 可得关于 λ_j 的线性方程组（正规方程组）

$$\sum_{j=0}^{n} \left[\sum_{i=0}^{m} \omega_i \varphi_j(x_i)\varphi_k(x_i) \right] \lambda_j = \sum_{i=0}^{m} \omega_i \varphi_k(x_i) y_i \quad (k = 0,1,2,\cdots,n)$$

简记为

$$\sum_{j=0}^{n} \left(\boldsymbol{\Phi}_k, \boldsymbol{\Phi}_j \right) \lambda_j = \left(\boldsymbol{\Phi}_k, \boldsymbol{y} \right) \ (k = 0,1,2,\cdots,n) \quad (*)$$

其中：

$$\boldsymbol{\Phi}_k = [\varphi_k(x_0), \varphi_k(x_1), \cdots, \varphi_k(x_m)]^{\mathrm{T}}, \quad \boldsymbol{\Phi}_j = [\varphi_j(x_0), \varphi_j(x_1), \cdots, \varphi_j(x_m)]^{\mathrm{T}},$$

$$\left(\boldsymbol{\Phi}_k, \boldsymbol{\Phi}_j \right) = \sum_{i=0}^{m} \omega_i \varphi_j(x_i)\varphi_k(x_i), \quad \boldsymbol{y} = (y_0, y_1, \cdots, y_m)^{\mathrm{T}}, \quad \left(\boldsymbol{\Phi}_k, \boldsymbol{y} \right) = \sum_{i=0}^{m} \omega_i \varphi_k(x_i) y_i$$

式(*)的矩阵形式为

$$\begin{bmatrix} (\boldsymbol{\Phi}_0, \boldsymbol{\Phi}_0) & (\boldsymbol{\Phi}_0, \boldsymbol{\Phi}_1) & \cdots & (\boldsymbol{\Phi}_0, \boldsymbol{\Phi}_n) \\ (\boldsymbol{\Phi}_1, \boldsymbol{\Phi}_0) & (\boldsymbol{\Phi}_1, \boldsymbol{\Phi}_1) & \cdots & (\boldsymbol{\Phi}_1, \boldsymbol{\Phi}_n) \\ \vdots & \vdots & & \vdots \\ (\boldsymbol{\Phi}_n, \boldsymbol{\Phi}_0) & (\boldsymbol{\Phi}_n, \boldsymbol{\Phi}_1) & \cdots & (\boldsymbol{\Phi}_n, \boldsymbol{\Phi}_n) \end{bmatrix} \begin{bmatrix} \lambda_0 \\ \lambda_1 \\ \vdots \\ \lambda_n \end{bmatrix} = \begin{bmatrix} (\boldsymbol{\Phi}_0, y) \\ (\boldsymbol{\Phi}_1, y) \\ \vdots \\ (\boldsymbol{\Phi}_n, y) \end{bmatrix} \quad (**)$$

解此线性方程组，可得系数 λ_k $(k = 0, 1, 2, \cdots, n)$。若取 $\varphi_k(x) = x^k$ $(k = 0, 1, 2, \cdots, n)$，则最小二乘拟合多项式为 $s^*(x) = \sum_{k=0}^{n} \lambda_k x^k$，其平方误差为 $\| \delta \|_2^2 = \sum_{k=0}^{n} [s^*(x_i) - y_i]^2$。

多项式曲线的最小二乘拟合的算法步骤如下：

步骤 1：输入离散点 (x_i, y_i) 及对应的权数 ω_i $(i = 0, 1, \cdots, m)$、多项式的最高次幂 n。

步骤 2：确定基函数 $\varphi_k(x) = x^k (k = 0, 1, \cdots, n)$。

步骤 3：对于 $k = 0, 1, \cdots, n$，形成向量 $\boldsymbol{\Phi}_k = (x_0^k, x_1^k, x_2^k, \cdots, x_m^k)^{\mathrm{T}}$。

步骤 4：计算向量内积 $(\boldsymbol{\Phi}_i, \boldsymbol{\Phi}_j)$ 和 $(\boldsymbol{\Phi}_i, y)$ $(i, j = 0, 1, \cdots, n)$，形成式(**)中的系数矩阵 $\boldsymbol{A}$ 和右端向量 $\boldsymbol{B}$。

步骤 5：解线性方程组(**)，得 λ_k $(k = 0, 1, \cdots, n)$。

步骤 6：形成并输出拟合多项式：$s(x) = \sum_{k=0}^{n} \lambda_k x^k$。

步骤 7：计算并输出平方误差：$\| \delta \|_2^2 = \sum_{i=0}^{m} \omega_i [s(x_i) - y_i]^2$，计算结束。

6.1.2　算法实现程序

多项式曲线的最小二乘拟合程序界面如图 6.1 所示。

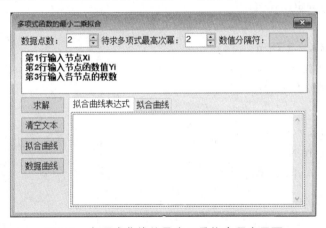

图 6.1　多项式曲线的最小二乘拟合程序界面

程序实现的主要代码如下：

（1）窗体单元代码。

```
Imports System.Math
Public Class frmMain
```

```vb
Dim A() As Double, Seperator As Char, FirstEnter As Boolean = True
'提取节点数据分隔符的子程序 GetSeperator
Private Sub GetSeperator()
    If FGF.Text = "空格" Then
        Seperator = " "
    Else
        Seperator = FGF.Text
    End If
End Sub
'提取节点 X、节点函数值 Y 和节点权数 W 的子程序 GetXYW
Private Sub GetXYW(ByRef X() As Double, ByRef Y() As Double, ByRef W() As Double)
    Dim AA() As String, I As Integer, J As Integer, K As Integer, N As Integer, S As String
    N = UpDownM.Value - 1
    K = 0
    For I = 0 To EdtXY.Lines.Count - 1
        S = Trim(EdtXY.Lines(I))
        If S = "" Then Continue For
        AA = S.Split(Seperator)
        K = K + 1
        If K = 1 Then
    For J = 0 To N
        X(J) = Val(AA(J))
    Next
        ElseIf K = 2 Then
    For J = 0 To N
        Y(J) = Val(AA(J))
    Next
        ElseIf K = 3 Then
    For J = 0 To N
        W(J) = Val(AA(J))
    Next
        Else
    Exit Sub
        End If
    Next
End Sub
'按钮 BtnResult 的 Click 事件
```

```vb
Private Sub BtnResult_Click(sender As Object, e As EventArgs) Handles BtnResult. Click
    Dim X() As Double, Y() As Double, W() As Double, M As Integer, N As Integer
    Dim Deviation As Double, Expression As String
    M = UpDownM.Value - 1
    N = UpDownN.Value
    ReDim X(M), Y(M), W(M), A(N)
    GetSeperator()
    If Seperator = "" Then Seperator = " "
    GetXYW(X, Y, W)
    For I = 0 To M
        If W(I) = 0 Then W(I) = 1
    Next
    SqrFit(X, Y, W, A)'获取插值多项式的系数 A()
    Expression = FitExpression(A)
    Deviation = Devi(A, X, Y, W)
    OutPutResult(Expression, Deviation)
    BtnDataCurve.Enabled = True
    BtnFitCurve.Enabled = True
End Sub
'形成拟合表达式的子程序 FitExpression。数组 A 存放的是拟合多项式的系数
Private Function FitExpression(A() As Double)
    Dim I As Integer, M As Integer, S As String, FM As String
    FM = "#.#####E+00"
    M = UBound(A)
    S = Format(A(0), FM)
    For I = 1 To M
        If A(I) < 0 Then
    S = S + "-(" + Format(Abs(A(I)), FM) + ")X^" + Str(I)
        ElseIf A(I) > 0 Then
    S = S + "+(" + Format(A(I), FM) + ")X^" + Str(I)
        Else
    Continue For
        End If
    Next
    FitExpression = S
End Function
'计算拟合多项式与所给离散点函数值平方偏差的子程序 Devi
Private Function Devi(A() As Double, X() As Double, Y() As Double, W() As Double)
```

```vb
    Dim I, J As Integer, S1 As Double, S2 As Double
    S1 = 0
    For I = 0 To UBound(X)
        S2 = 0
        For J = 0 To UBound(A)
    S2 = S2 + A(J) * FXI(X(I), J)
        Next
        S2 = (Y(I) - S2) ^ 2
        S1 = S1 + W(I) * S2
    Next
    Devi = S1
End Function
'输出结果子程序OutPutResult。输出拟合多项式表达式和平方偏差
Private Sub OutPutResult(Expression As String, Deviation As Double)
    Memo.AppendText(" = =最小二乘多项式拟合==" + vbCrLf)
    Memo.AppendText("拟合曲线表达式：F(x) = " + Expression + vbCrLf)
    Memo.AppendText("平方偏差："+ Format(Deviation, "#.######E+00") + vbCrLf)
    Memo.AppendText("===================" + vbCrLf)
End Sub
'按钮BtnDataCurve的Click事件。绘制离散数据点
Private Sub BtnDataCurve_Click(sender As Object, e As EventArgs) Handles BtnDataCurve.
Click
    Dim X() As Double, Y() As Double, W() As Double, I, M As Integer, N As Integer
    M = UpDownM.Value - 1
    N = UpDownN.Value
    ReDim X(M), Y(M), W(M)
    GetXYW(X, Y, W)
    Chart.Series(0).Points.Clear()
    For I = 0 To M
        Chart.Series(0).Points.AddXY(X(I), Y(I))
    Next
End Sub
'按钮BtnFitCurve的Click事件。绘制拟合多项式曲线
Private Sub BtnFitCurve_Click(sender As Object, e As EventArgs) Handles BtnFitCurve.
Click
    Dim X() As Double, Y() As Double, W() As Double, YI As Double, I, M As Integer,
N As Integer
    M = UpDownM.Value - 1
```

```
        N = UpDownN.Value
        ReDim X(M), Y(M), W(M)
        GetXYW(X, Y, W)
        Chart.Series(1).Points.Clear()
        For I = 0 To M
            YI = F(A, X(I))
            Chart.Series(1).Points.AddXY(X(I), YI)
        Next
    End Sub
'计算点 x 处拟合多项式值的子程序 F。输入系数数组 A 和自变量 x
    Private Function F(A() As Double, XX As Double)
        Dim Sum As Double, I As Integer
        Sum = 0
        For I = 0 To UBound(A)
            Sum = Sum + A(I) * FXI(XX, I)
        Next
        F = Sum
    End Function
'按钮 BtnClear 的 click 事件。清除 Memo 里的内容
    Private Sub BtnClear_Click(sender As Object, e As EventArgs) Handles BtnClear.Click
        Memo.Clear()
    End Sub
'文本框 EdtXY 的 Enter 事件。首次进入 EdtXY 时清除里面的内容
    Private Sub EdtXY_Enter(sender As Object, e As EventArgs) Handles EdtXY.Enter
        If FirstEnter = True Then
            EdtXY.Clear()
            EdtXY.ForeColor = Color.FromArgb(0, 0, 0)
        End If
    End Sub
'文本框 EdtXY 的 LostFocus 事件。焦点离开 EdtXY 时改变 FirstEnter 的值
    Private Sub EdtXY_LostFocus(sender As Object, e As EventArgs) Handles EdtXY.
LostFocus
        FirstEnter = False
        End Sub
    Private Sub frmMain_Load(sender As Object, e As EventArgs) Handles MyBase. Load
        FGF.SelectedIndex = 0
    End Sub
End Class
```

（2）公共单元（Module.VB 单元）代码。

```
Imports System.Math
Module Module1
    '列主元高斯消去法求解子程序 LZYGauss
    Function LZYGauss(A(, ) As Double, ByRef B() As Double)
        Dim IK As Integer, N As Integer, K As Integer, J, Amax As Double
        Dim Msg As String
        N = UBound(B)
        For K = 1 To N - 1
            XuanZhuYuanL(IK, Amax, A, K, N)
            If Amax < = 0.0000000001 Then
        MessageBox.Show("系数矩阵是奇异矩阵！")
        LZYGauss = False
        Exit Function
            End If
            If IK <> K Then
        For J = K To N
            SwapXY(A(K, J), A(IK, J))
        Next
        SwapXY(B(K), B(IK))
            End If
            XiaoYuan(A, B, K)
        Next
        If MatrixIsQY(Msg, A, N) Then
            MessageBox.Show("系数矩阵" + Msg)
            LZYGauss = False
            Exit Function
        End If
        HuiDai(A, B)
        LZYGauss = True
    End Function
    '按列选主元子程序 XuanZhuYuanL
    Sub XuanZhuYuanL(ByRef IK As Integer, ByRef Amax As Double, A(, ) As Double, K As Integer, N As Integer)
        Dim I As Integer
        Amax = 0
        For I = K To N
            If Abs(A(I, K)) > Abs(Amax) Then
```

```vb
            Amax = Abs(A(I, K))
            IK = I
         End If
      Next
End Sub
'交换两个变量值的子程序 SwapXY
Sub SwapXY(ByRef X As Double, ByRef Y As Double)
   Dim T As Double
   T = X : X = Y : Y = T
End Sub
'消元子程序 XiaoYuan
Sub XiaoYuan(ByRef A(, ) As Double, ByRef B() As Double, K As Integer)
   Dim I As Integer, J As Integer, N As Integer, M As Double
   N = UBound(B)
   For I = K + 1 To N
      M = A(I, K) / A(K, K)
      For J = K + 1 To N
   A(I, J) = A(I, J) - M * A(K, J)
      Next
         B(I) = B(I) - M * B(K)
   Next
End Sub
'回代求解子程序 HuiDai
Sub HuiDai(ByRef A(, ) As Double, ByRef B() As Double)
   Dim I As Integer, J As Integer, N As Integer, Sum As Double
   N = UBound(B)
   B(N) = B(N) / A(N, N)
   For I = N - 1 To 1 Step -1
      Sum = 0
      For J = I + 1 To N
   Sum = Sum + A(I, J) * B(J)
      Next
         B(I) = (B(I) - Sum) / A(I, I)
   Next
End Sub
'判断矩阵是否奇异的子程序 MatrixIsQY
Function MatrixIsQY(ByRef Msg As String, A(, ) As Double, N As Integer)
   Dim I As Integer
```

```
    For I = 1 To N
        If Abs(A(I, I)) < = 0.0000000001 Then
    Msg = "是奇异矩阵！"
    MatrixIsQY = True
    Exit Function
        End If
        MatrixIsQY = False
    Next
End Function
```

'最小二乘法求解拟合多项式系数的子程序 **SqrFit**。输入离散点数据 **X**、**Y**、**W**，返回所求系数，存放在数组 **A** 里

```
Sub SqrFit(X() As Double, Y() As Double, W() As Double, ByRef A() As Double)
    Dim I, M As Integer, N As Integer, AA(, ) As Double, BB() As Double
    M = UBound(X)
    N = UBound(A)
    ReDim BB(N + 1), AA(N + 1, N + 1)
    FormAandB(AA, BB, X, Y, W)     '形成正规方程组的系数矩阵和右端向量
    LZYGauss(AA, BB) '解正规方程组
    For I = 0 To N
        A(I) = BB(I + 1)
    Next
End Sub
```

'根据离散点数据，形成正规方程组系数矩阵和右端向量的子程序 **FormAandB**。输入离散点数据 **X**、**Y**、**W**、数据点的个数 M 和拟合多项式系数的个数 N，返回系数矩阵 **A** 和右端向量 **B**

```
Sub FormAandB(ByRef A(, ) As Double, ByRef B() As Double, X() As Double, Y() As Double, W() As Double)
    Dim CM As Integer, J As Integer, N As Integer, M As Integer, VI() As Double, VJ() As Double
    'M 为数据(Xi, Yi)组数，N 为多项式系数的个数
    N = UBound(B)
    M = UBound(X)
    ReDim VI(M), VJ(M)
    For CM = 0 To N - 1
        GetVI(VI, X, CM)
        A(CM + 1, CM + 1) = VectorATimesB(VI, VI, W)
        B(CM + 1) = VectorATimesB(VI, Y, W)
        For J = CM + 1 To N - 1
```

```
    GetVI(VJ, X, J)
    A(CM + 1, J + 1) = VectorATimesB(VI, VJ, W)
    A(J + 1, CM + 1) = A(CM + 1, J + 1)
      Next
    Next
End Sub
```

'形成向量$\Phi_k = [\varphi_k(x_0), \varphi_k(x_1), \cdots, \varphi_k(x_m)]^T$的子程序 **GetVI**。输入离散点数据 **X** 和基函数的次幂数 cm，返回向量 **VI**

```
Sub GetVI(ByRef VI() As Double, X() As Double, CM As Integer)
  Dim I As Integer
  For I = 0 To UBound(X)
    VI(I) = FXI(X(I), CM)
  Next
End Sub
```

'求两个向量带权内积(**A**，**B**)的子程序 **VectorATimesB**。输入向量 **A** 和 **B**，返回它们的带权内积

```
Function VectorATimesB(ByVal A() As Double, ByVal B() As Double, ByVal W() As Double)
  Dim I As Integer, Sum As Double
  Sum = 0
  For I = 0 To UBound(A)
    Sum = Sum + W(I) * A(I) * B(I)
  Next
  VectorATimesB = Sum
End Function
```

'求拟合多项式的基函数值的子程序 **FXI**。输入自变量 x 和幂次，返回函数值

```
Function FXI(XX As Double, CM As Integer)
  If CM = 0 Then
    FXI = 1
  Else
    FXI = XX ^ CM
  End If
End Function
End Module
```

6.1.3 算例及结果

已知一组实验数据如表 6.1 所示，各点权值均为 1，求它们的拟合曲线。

表 6.1　实验数据

x_i	0.00	0.25	0.50	0.75	1.00
y_i	0.1	0.35	0.81	1.09	1.96

数据输入及求解结果如图 6.2 所示。

采用 2 次多项式进行拟合：

拟合曲线表达式为 $F(x) = 0.121\,43 + 0.572\,57x + 1.211\,43x^2$，平方偏差为 0.033 663。

采用 3 次多项式进行拟合：

拟合曲线表达式为 $F(x) = 0.083\,43 + 1.661\,90x - 1.828\,57x^2 + 2.026\,67x^3$，平方偏差为 0.019 223。

采用 4 次多项式进行拟合：

拟合曲线表达式为 $F(x) = 0.1 - 1.1x + 13.306\,67x^2 - 22.72x^3 + 12.37333x^4$，平方偏差为 1.026E-25。

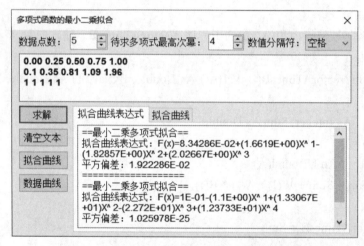

图 6.2　算例的多项式函数的最小二乘拟合结果

6.2　非多项式函数的最小二乘拟合

6.2.1　算法原理与步骤

待拟合曲线不是一组已知多项式函数的线性组合时，一般尽量将关于参数的非线性关系转化为线性关系后，再采用最小二乘拟合法进行拟合。如：

幂函数形式 1：$y = ax^b$，变为 $Y = A + bX$，$Y = \ln y$，$A = \ln a$，$X = \ln x$

幂函数形式 2：$y = a + bx^n$，变为 $y = a + bX$，$X = x^n$

指数函数形式 1：$y = ae^{bx}$，变为 $Y = A + bx$，$Y = \ln y$，$A = \ln a$

指数函数形式 2：$y = ae^{b/x}$，变为 $Y = A + bX$，$Y = \ln y$，$A = \ln a$，$X = 1/x$

双曲线形式：$y = x/(ax + b)$，变为 $Y = a + bX$，$Y = 1/y$，$X = 1/x$

对数函数形式：$y = a+b\ln x$，变为 $y = a+bX$，$X = \ln x$

非多项式函数的最小二乘拟合步骤如下：

步骤 1：将关于参数的非线性关系转化为线性关系。

步骤 2：调用多项式函数的最小二乘拟合方法。

步骤 3：根据所求结果，反向转换为非多项式。

步骤 4：函数表达式输出。

6.2.2　算法实现程序

非多项式函数的最小二乘拟合程序界面如图 6.3 所示。本算法无须设置多项式最高次幂，但需要选择拟合曲线的形式。本算法提供了 6 种非线性函数形式：幂函数 1 形式 $y = ax^b$；幂函数 2 形式 $y = a+bx^n$；指数函数 1 形式 $y = ae^{bx}$；指数函数 2 形式 $y = ae^{b/x}$；双曲线形式 $y = x/(ax+b)$；对数函数形式 $y = a+b\ln x$。

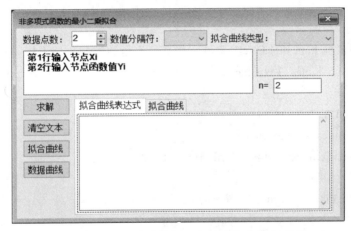

图 6.3　非多项式函数的最小二乘拟合程序界面

程序实现的主要代码如下：

（1）窗体单元代码。

```
Imports System.Math
Public Class frmMain
    Dim A() As Double, Seperator As Char, FirstEnter As Boolean = True
    '读入节点 Xi 和节点函数值 Yi 的子程序 GetXY
    Private Sub GetXY(ByRef X() As Double, ByRef Y() As Double)
     Dim AA() As String, I As Integer, J As Integer, K As Integer, N As Integer, S As String
     N = UpDownM.Value - 1
     K = 0
     For I = 0 To EdtXY.Lines.Count - 1
        S = Trim(EdtXY.Lines(I))
        If S = "" Then Continue For
```

```
        AA = S.Split(Seperator)
        K = K + 1
        If K = 1 Then
    For J = 0 To N
        X(J) = Val(AA(J))
    Next
        ElseIf K = 2 Then
    For J = 0 To N
        Y(J) = Val(AA(J))
    Next
        Else
    Exit Sub
        End If
    Next
End Sub
```
'下拉列表框 Funcs 的 **Click** 事件。根据所选函数类型，显示相应的表达式
```
Private Sub Funcs_TextChanged(sender As Object, e As EventArgs) Handles Funcs.
TextChanged
    Dim Ind As Integer
    Ind = Funcs.SelectedIndex
    PictureBox.Image = ImageList1.Images(Ind)
    If Ind = 5 Then
        Lbln.Visible = True: EdtN.Visible = True
    Else
        Lbln.Visible = False: EdtN.Visible = False
    End If
End Sub
```
'按钮 BtnResult 的 **Click** 事件
```
Private Sub BtnResult_Click(sender As Object, e As EventArgs) Handles BtnResult. Click
    Dim X() As Double, Y() As Double, W() As Double, M As Integer, N As Integer
    Dim Deviation As Double, Expression As String, Ind As Integer
    M = UpDownM.Value - 1
    ReDim X(M), Y(M), W(M), A(1)
    GetSeperator()
    If Seperator = "" Then Seperator = " "
    GetXY(X, Y)
    Ind = Funcs.SelectedIndex
    For I = 0 To M
```

```
        W(I) = 1
    Next
    For I = 0 To M
        If Ind = 0 Then
            If X(I) > 0 Then X(I) = Log(X(I))
            If Y(I) > 0 Then Y(I) = Log(Y(I))
        ElseIf Ind = 1 Then
            Y(I) = Log(Y(I))
        ElseIf Ind = 2 Then
            If Y(I) > 0 Then
                Y(I) = Log(Y(I)): X(I) = 1 / X(I)
            End If
        ElseIf Ind = 3 Then
            Y(I) = 1 / Y(I): X(I) = 1 / X(I)
        ElseIf Ind = 4 Then
            If X(I) > 0 Then X(I) = Log(X(I))
        ElseIf Ind = 5 Then
            N = Val(EdtN.Text): X(I) = X(I) ^ N
        End If
    Next
    SqrFit(X, Y, W, A)'获取插值多项式的系数 A()
    If Ind < = 2 Then A(0) = Exp(A(0))
    Expression = FitExpression(A)
    GetXY(X, Y)
    Deviation = Devi(A, X, Y)
    OutPutResult(Expression, Deviation)
    BtnDataCurve.Enabled = True
    BtnFitCurve.Enabled = True
End Sub
'形成拟合曲线表达式的子程序 FitExpression。数组 A 存放的是表达式的系数
Private Function FitExpression(A() As Double)
    Dim Ind As Integer, S As String, E As Integer = 1000000
    Ind = Funcs.SelectedIndex
    If Ind = 0 Then
        S = Str(Round(A(0) * E) / E) + "X^(" + Str(Round(A(1) * E) / E) + ")"
    ElseIf Ind = 1 Then
        S = Str(Round(A(0) * E) / E) + "Exp(" + Str(Round(A(1) * E) / E) + "X)"
    ElseIf Ind = 2 Then
```

```
        S = Str(Round(A(0) * E) / E) + "Exp(" + Str(Round(A(1) * E) / E) + "/X)"
    ElseIf Ind = 3 Then
        If A(1) < 0 Then
            S = "X/(" + Str(Round(A(0) * E) / E) + "X" + Str(Round(A(1) * E) / E) + ")"
        Else
            S = "X/(" + Str(Round(A(0) * E) / E) + "X+" + Str(Round(A(1) * E) / E) + ")"
        End If
    ElseIf Ind = 4 Then
        If A(1) > 0 Then
            S = Str(Round(A(0) * E) / E) + "+" + Str(Round(A(1) * E) / E) + "LnX"
        Else
            S = Str(Round(A(0) * E) / E) + Str(Round(A(1) * E) / E) + "LnX"
        End If
    ElseIf Ind = 5 Then
        If A(1) > 0 Then
            S = Str(Round(A(0) * E) / E) + "+" + Str(Round(A(1) * E) / E) + "X^" + EdtN.Text
        Else
            S = Str(Round(A(0) * E) / E) + Str(Round(A(1) * E) / E) + "X^" + EdtN.Text
        End If
    End If
    FitExpression = S
End Function
'计算拟合曲线函数值的子程序 F
Private Function F(A() As Double, XX As Double)
    Dim I As Integer, N As Single
    I = Funcs.SelectedIndex
    If I = 0 Then
        F = A(0) * XX ^ A(1)
    ElseIf I = 1 Then
        F = A(0) * Exp(A(1) * XX)
    ElseIf I = 2 Then
        F = A(0) * Exp(A(1) / XX)
    ElseIf I = 3 Then
        F = XX / (A(0) * XX + A(1))
    ElseIf I = 4 Then
        F = A(0) + A(1) * Log(XX)
    ElseIf I = 5 Then
        N = Val(EdtN.Text)
```

```vb
        F = A(0) + A(1) * XX ^ N
    End If
End Function
'计算点拟合多项式与所给离散点函数值平方偏差的子程序 Devi
Private Function Devi(A() As Double, X() As Double, Y() As Double)
    Dim I As Integer, Sum As Double
    Sum = 0
    For I = 0 To UBound(X)
        Sum = Sum + (Y(I) - F(A, X(I))) ^ 2
    Next
    Devi = Sum
End Function
'输出求解结果子程序 OutPutResult
Private Sub OutPutResult(Expression As String, Deviation As Double)
    Memo.AppendText(" = = 最小二乘非多项式拟合 = = " + vbCrLf)
    Memo.AppendText("拟合曲线类型: " + Funcs.Text + vbCrLf)
    Memo.AppendText("拟合曲线表达式: F(x) = " + Expression + vbCrLf)
    Memo.AppendText("平方偏差: " + Format(Deviation, "#.######E+00") + vbCrLf)
    Memo.AppendText("=================== = = " + vbCrLf)
End Sub
'根据输入的数据绘制曲线
Private Sub BtnDataCurve_Click(sender As Object, e As EventArgs) Handles BtnDataCurve.
Click
    Dim X() As Double, Y() As Double, I, M As Integer
    M = UpDownM.Value - 1
    ReDim X(M), Y(M)
    GetXY(X, Y)
    Chart.Series(0).Points.Clear()
    For I = 0 To M
        Chart.Series(0).Points.AddXY(X(I), Y(I))
    Next
End Sub
'绘制拟合曲线
Private Sub BtnFitCurve_Click(sender As Object, e As EventArgs) Handles BtnFitCurve.
Click
    Dim X() As Double, Y() As Double, YI As Double, I, M As Integer
    M = UpDownM.Value - 1
    ReDim X(M), Y(M)
```

```
        GetXY(X, Y)
        Chart.Series(1).Points.Clear()
        For I = 0 To M
            YI = F(A, X(I))
            Chart.Series(1).Points.AddXY(X(I), YI)
        Next
    End Sub
End Class
```

提取节点数据分隔符的子程序 **GetSeperator**、按钮 BtnClear 的 **Click** 事件代码、文本框 EdtXY 的 **Enter** 事件代码、文本框 EdtXY 的 **LostFocus** 事件代码，参看"6.1 多项式函数的最小二乘拟合"。

（2）公共单元（Module.VB 单元）代码。

本模块单元子程序参看"6.1 多项式函数的最小二乘拟合"。

6.2.3　算例及结果

已知一组实验数据如表 6.2 所示，请找出使用次数（用 x_i 表示）和增大容积（用 y_i 表示）之间的关系。

表 6.2　实验数据

x_i	2	3	4	5	6	7	8	9	10	11	12	13	14	15	16
y_i	6.42	8.20	9.58	9.50	9.7	10	9.93	9.99	10.49	10.59	10.6	10.8	10.6	10.9	10.76

数据输入及求解结果如图 6.4 所示。

这里给出两种曲线类型的拟合结果：

（1）双曲线函数拟合曲线表达式为 $F(x) = x/(0.082\,304x + 0.1312\,23)$，平方偏差为 1.439 65。

（2）指数函数 2 拟合曲线表达式为 $F(x) = 11.678\,910\mathrm{e}^{(-1.110671/x)}$，平方偏差为 0.891 281 5。

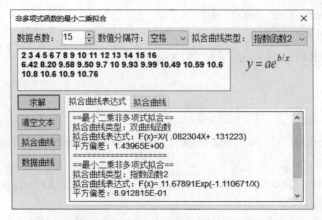

图 6.4　算例的非多项式函数的最小二乘拟合结果

上机实验题

1. 已知试验数据如下：

t_i	19	25	31	38	44
y_i	19.0	32.2	49.0	73.3	97.8

用最小二乘法求形如 $y = a + bt^2$ 的经验公式，并计算其均方误差。

2. 在某化学反应中，由实验得分解物浓度与时间关系如下：

时间 t	0	5	10	15	20	25	30	35	40	45	50	55
浓度 $y(\times 10^{-4})$	0	1.27	2.16	2.86	3.44	3.87	4.15	4.37	4.51	4.58	4.62	4.64

用最小二乘法求函数 $y(t)$ 的表达式。

第 7 章　矩阵特征值

本章主要介绍特征值的两类常用算法：一类是向量迭代法（乘幂法和反幂法），可以求出矩阵按模最大或最小的特征值及对应的特征向量；另一类是矩阵迭代法（QR 方法），可以求出矩阵的所有特征值及对应的特征向量。

7.1　乘幂法

7.1.1　算法原理与步骤

乘幂法可以求出矩阵按模最大的特征值（主特征值）及对应的特征向量（主特征向量）。假设矩阵 A 的 n 个特征值分别为 $\lambda_1, \lambda_2, \cdots, \lambda_n$，且 $|\lambda_1| > |\lambda_2| \geqslant \cdots \geqslant |\lambda_n|$；对应的特征向量分别为 $u_1, u_2, \cdots, u_n$，则任取初始向量 u_0，进行迭代计算：$u_k = A u_{k-1}(k = 1, 2, \cdots)$，得到迭代序列 $\{u_k\}$，通过分析 u_k 和 u_{k-1} 之间的关系，即可得到矩阵 A 按模最大的特征值及对应的特征向量的近似解。

乘幂法求矩阵的主特征值及主特征向量的算法如下：

任给初始向量 u_0，对于 $k = 1, 2, \cdots$，进行如下计算：

$$y_k = A u_{k-1}$$

$$m_k = \max(y_k)$$

$$u_k = y_k / m_k$$

其中：$m_k = \max(y_k)$ 表示 u_k 中绝对值最大的分量。这样，当 $k \to \infty$ 时，$m_k \to \lambda_1$。

用乘幂法求矩阵的主特征值及主特征向量的步骤如下：

步骤 1：输入矩阵 A、非零初始向量 u_0、控制精度 $E1$ 和 $E2$。

步骤 2：$y_0 = u_0$。

对于 $k = 1, 2, \cdots$，执行步骤 3 至步骤 6。

步骤 3：$y_k = A u_{k-1}$。

步骤 4：$m_k = \max(y_k)$。｛说明：$\max(y_k)$ 表示向量 y_k 中绝对值最大的分量。｝

步骤 5：规范化 $u_k = y_k / m_k$。

步骤 6：若 $\|u_k - u_{k-1}\| < E2$ 且 $|m_k - m_{k-1}| < E1$，输出 m_k 和 u_k，m_k 即主特征值，u_k 即主特征向量，计算结束；否则，转至步骤 3，继续执行。

7.1.2 算法实现程序

乘幂法程序界面如图 7.1 所示。

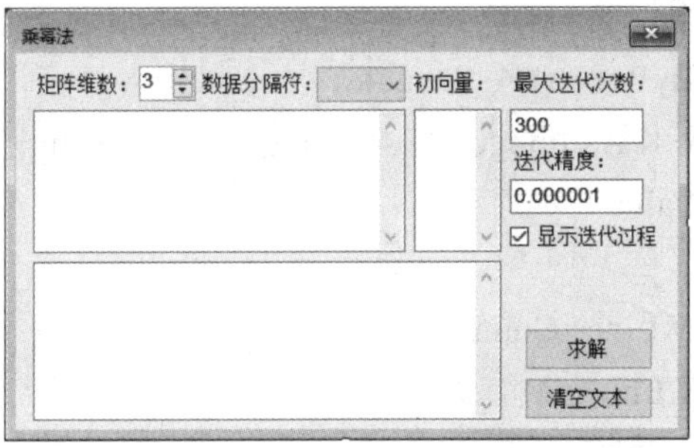

图 7.1 乘幂法程序界面

程序实现的主要代码如下：

（1）窗体单元代码。

```
Imports System.Math
Public Class frmMain
    Dim Seperator As Char, FirstEnter As Boolean = True, GuoCheng As Boolean
    '取得数据分隔符的子程序 GetSeperator
    Private Sub GetSeperator()
        If FGF.Text = "空格" Then
            Seperator = " "
        Else
            Seperator = FGF.Text
        End If
    End Sub
    '提取矩阵 A 的数据的子程序 GetA
    Private Sub GetA(ByRef A(, ) As Double)
        Dim AA() As String, I As Integer, J As Integer, K As Integer, N As Integer, S As String
        N = UpDownN.Value
        K = 0
        For I = 0 To EdtA.Lines.Count - 1
            S = Trim(EdtA.Lines(I))
            If S = "" Then Continue For
            AA = S.Split(Seperator)
            K = K + 1
            If K > N Then Exit Sub
            For J = 1 To N
                A(K, J) = Val(AA(J - 1))
```

```
        Next
      Next
    End Sub
    '提取初始向量的子程序 GetB
    Private Sub GetB(ByRef B() As Double)
      Dim I As Integer, K As Integer, N As Integer, S As String
      N = UpDownN.Value
      K = 0
      For I = 0 To EdtV.Lines.Count - 1
        S = Trim(EdtV.Lines(I))
        If S = "" Then Continue For
        K = K + 1
        If K > N Then Exit Sub
        B(K) = Val(S)
      Next
    End Sub
    '按钮 BtnResult 的 Click 事件
    Private Sub btnResult_Click(sender As Object, e As EventArgs) Handles btnResult.Click
      Dim A(, ) As Double, Iter, M, N As Integer, Lmd As Double, EE As Double, V() As Double
      Dim S As String
      N = UpDownN.Value: M = Val(EdtM.Text)
      EE = Val(EdtE.Text): GuoCheng = CkBGuoCheng.Checked
      ReDim A(N, N), V(N)
      GetSeperator()
      If Seperator = "" Then Seperator = " "
      GetA(A)
      GetB(V)
      S = ""
      CM(A, M, EE, V, Lmd, Iter, S)
      OutPutResult(Lmd, V, Iter, S, EE)
    End Sub
    '乘幂法求解子程序 CM。输入矩阵 A、最大迭代次数 M 和迭代精度 EE，返回主
特征值 Lmd、主特征向量 V、迭代次数 ITER 和迭代过程数据 S
    Private Sub CM(A(, ) As Double, M As Integer, EE As Double, ByRef V() As Double,
ByRef Lmd As Double, ByRef Iter As Integer, ByRef S As String)
      Dim U() As Double, V0() As Double, I, J, K, N As Integer, MK As Double
      N = UBound(V)
      Lmd = 0
```

```
ReDim U(N), V0(N)
For I = 1 To N
    V0(I) = V(I)
Next
For K = 1 To M
    MatrixTimesVector(U, A, V)
    MK = MaxOfVector(U)
    For I = 1 To N
        V(I) = U(I) / MK
    Next
    If GuoCheng = True Then
        S = S + Str(K) + ":"
        For J = 1 To N
            S = S + Str(Round(V(J) / EE) * EE) + ";"
        Next
        S = S + Str(Round(MK / EE) * EE) + vbCrLf
    End If
    VectorAplusVectorB(V0, V, V0, -1)
    If Abs(MK - Lmd) < EE And Fanshu1OfVector(V0) < EE Then
        Iter = K: Lmd = MK
        Exit Sub
    End If
    Lmd = MK
    For I = 1 To N
        V0(I) = V(I)
    Next
Next
MessageBox.Show("乘幂法迭代了" + Str(M) + "次没有求得按模最大的特征值。")
End Sub
'输出求解结果子程序 OutPutResult
Private Sub OutPutResult(Lmd As Double, V() As Double, Iter As Integer, S As String,
EE As Double)
Dim I, N As Integer, VStr As String = ""
N = UBound(V)
Memo.AppendText("乘幂法迭代了" + Str(Iter) + "次" + vbCrLf)
If GuoCheng = True Then
    Memo.AppendText("迭代过程:" + vbCrLf)
    Memo.AppendText(S)
```

```vb
        End If
        Memo.AppendText("矩阵的主特征值为：" + Str(Round(Lmd / EE) * EE) + vbCrLf)
        For I = 1 To N - 1
            VStr = VStr + Str(Round(V(I) / EE) * EE)+ ", "
        Next
        VStr = "(" + VStr + Str(Round(V(N) / EE) * EE) + ")"
        Memo.AppendText("矩阵的主特征向量为：" + VStr + vbCrLf)
        Memo.AppendText("====================" + vbCrLf)
    End Sub
    '清空文本内容
    Private Sub BtnClear_Click(sender As Object, e As EventArgs) Handles BtnClear.Click
        Memo.Clear()
    End Sub
End Class
```

（2）公共单元代码。

```vb
Imports System.Math
Module Module1
    '矩阵乘以向量的子程序 MatrixTimesVector
    Sub MatrixTimesVector(ByRef Y() As Double, A(, ) As Double, X() As Double)
        Dim I As Integer, J As Integer, Sum As Double
        For I = 1 To UBound(X)
            Sum = 0
            For J = 1 To UBound(X)
                Sum = Sum + A(I, J) * X(J)
            Next
            Y(I) = Sum
        Next
    End Sub
    '求向量中绝对值最大的分量的子程序 MaxOfVector
    Function MaxOfVector(X() As Double)
        Dim I, N As Integer, Amax As Double
        N = UBound(X)
        Amax = 0
        For I = 1 To N
            If Abs(X(I)) > Abs(Amax) Then Amax = X(I)
        Next
        MaxOfVector = Amax
    End Function
```

'求两个向量和的子程序 **VectorAplusVectorB**

Sub VectorAplusVectorB(ByRef C() As Double, A() As Double, B() As Double, Fac As Double)

    Dim I As Integer

    For I = 1 To UBound(C)

      C(I) = A(I) + Fac * B(I)

    Next

End Sub

'求向量的 1-范数的子程序 **Fanshu1OfVector**

Function Fanshu1OfVector(X() As Double)

    Dim I, N As Integer, Amax As Double

    N = UBound(X)

    Amax = 0

    For I = 1 To N

      If Abs(X(I)) > Amax Then Amax = Abs(X(I))

    Next

    Fanshu1OfVector = Amax

  End Function

End Module

7.1.3　算例及结果

求下面矩阵按模最大的特征值及其特征向量

$$\begin{bmatrix} 2 & 0 & -1 \\ -2 & -10 & 0 \\ -1 & -1 & 4 \end{bmatrix}$$

参数输入及乘幂法求解结果如图 7.2 所示。

图 7.2　算例的乘幂法求解结果

7.2 反幂法

7.2.1 算法原理与步骤

反幂法可以求出矩阵按模最小的特征值及对应的特征向量。设矩阵 A 非奇异，其特征值排序为 $|\lambda_1| \geqslant |\lambda_2| \geqslant |\lambda_3| \geqslant \cdots \geqslant |\lambda_{n-1}| \geqslant |\lambda_n| > 0$，相应的特征向量分别为 $x_1, x_2, \cdots, x_n$。因为 λ_i 是 A 的特征值，故 $1/\lambda_i$ 是 A^{-1} 的特征值，且有 $1/|\lambda_n| > 1/|\lambda_{n-1}| \geqslant \cdots \geqslant 1/|\lambda_1| > 0$，对应的特征向量分别为 $x_n, x_{n-1}, \cdots, x_1$。对 A^{-1} 应用乘幂法求出 A^{-1} 的按模最大的特征值，即可得到 A 的按模最小的特征值及其特征向量。

反幂法的算法如下：

任给初始向量 u_0，对于 $k = 1, 2, \cdots$，进行如下计算：

$$Ay_k = u_{k-1}$$

$$m_k = \max(y_k)$$

$$u_k = y_k / m_k$$

其中，$m_k = \max(y_k)$ 表示 y_k 中绝对值最大的分量。这样，当 $k \to \infty$ 时，$m_k \to 1/\lambda_n$。

用反幂法求矩阵的按模最小的特征值及对应的特征向量的步骤如下：

步骤 1：输入矩阵 A、非零初始向量 u_0、控制精度 $E1$ 和 $E2$。

步骤 2：$v_0 = u_0$。

步骤 3：对矩阵 A 进行 LU 分解：$A = LU$。

对于 $k = 1, 2, \cdots$，执行步骤 4 至步骤 7。

步骤 4：分别解线性方程组 $Ly_k = v_{k-1}$，$Uu_k = y_k$，得到迭代向量 u_k。

步骤 5：$m_k = \max(u_k)$。

步骤 6：规范化 $v_k = u_k / m_k$。

步骤 7：若 $\|v_k - v_{k-1}\| < E2$ 且 $|m_k - m_{k-1}| < E1$，输出 $1/m_k$ 和 v_k，$1/m_k$ 即按模最小的特征值，v_k 即与 $1/m_k$ 对应的特征向量，计算结束；否则，转至步骤 4，继续执行。

说明：$\max(u_k)$ 表示向量 u_k 中绝对值最大的分量。

7.2.2 算法实现程序

反幂法程序界面参见图 7.1。

程序实现的主要代码如下：

（1）窗体单元代码。

```
Imports System.Math
Public Class frmMain
    Dim Seperator As Char, FirstEnter As Boolean = True, GuoCheng As Boolean
```

'按钮 BtnResult 的 **Click** 事件

Private Sub btnResult_Click(sender As Object, e As EventArgs) Handles btnResult.Click

    Dim A(,) As Double, Iter, M, N As Integer, Lmd As Double, EE As Double, V() As Double

    Dim S As String

    N = UpDownN.Value

    M = Val(EdtM.Text)

    EE = Val(EdtE.Text)

    GuoCheng = CkBGuoCheng.Checked

    ReDim A(N, N), V(N)

    GetSeperator()

    If Seperator = "" Then Seperator = " "

    GetA(A)

    GetB(V)

    S = ""

    FM(A, M, EE, V, Lmd, Iter, S)

    OutPutResult(Lmd, V, Iter, S, EE)

End Sub

'反幂法求解子程序 **FM**。输入矩阵 **A**、最大迭代次数 M 和迭代精度 EE，返回模最小特征值 Lmd、最小特征向量 **V**、迭代次数 ITER 和迭代过程数据 S

Private Sub FM(A(,) As Double, M As Integer, EE As Double, ByRef V() As Double, ByRef Lmd As Double, ByRef Iter As Integer, ByRef S As String)

    Dim Y() As Double, Ind() As Integer, I, J, K, N As Integer, MK As Double

    N = UBound(V)

    Lmd = 0

    ReDim Y(N), Ind(N)

    For I = 1 To N

        Y(I) = V(I)

    Next

    GetLandU(A, Ind)   '将矩阵 A 分解为 L 和 U，仍存储在 A 里

    For K = 1 To M

        GetYFromLandB(V, A) '解 LY = V，得 Y 向量，存储在 V 中返回

        HuiDai(A, V)'解 UV = Y，得 V 向量(解向量)

        MK = MaxOfVector(V)

        For I = 1 To N

            V(I) = V(I) / MK

        Next

        If GuoCheng = True Then

            S = S + Str(K) + ":"

```vb
        For J = 1 To N
            S = S + Str(Round(V(J) / EE) * EE) + ", "
        Next
        S = S + Str(Round(1 / MK / EE) * EE) + vbCrLf
    End If
    VectorAplusVectorB(Y, V, Y, -1)
    If Abs(MK - Lmd) <EE And Fanshu1OfVector(Y) < EE Then
        Iter = K: Lmd = 1 / MK
        Exit Sub
    End If
    Lmd = MK
    For I = 1 To N
        Y(I) = V(I)
    Next
Next
MessageBox.Show("反幂法迭代了" + Str(M) + "次没有求得按模最小的特征值。")
End Sub
'输出求解结果子程序 OutPutResult
Private Sub OutPutResult(Lmd As Double, V() As Double, Iter As Integer, S As String,
EE As Double)
    Dim I, N As Integer, VStr As String = ""
    N = UBound(V)
    Memo.AppendText("反幂法迭代了" + Str(Iter) + "次" + vbCrLf)
    If GuoCheng = True Then
        Memo.AppendText("迭代过程:" + vbCrLf)
        Memo.AppendText(S)
    End If
    Memo.AppendText("矩阵按模最小的特征值为：" + Str(Round(Lmd / EE) * EE) + vbCrLf)
    For I = 1 To N - 1
        VStr = VStr + Str(Round(V(I) / EE) * EE) + ", "
    Next
    VStr = "(" + VStr + Str(Round(V(N) / EE) * EE) + ")"
    Memo.AppendText("矩阵的特征向量为： " + VStr + vbCrLf)
    Memo.AppendText("===================== " + vbCrLf)
End Sub
End Class
```

取得数据分隔符的子程序 **GetSeperator**、提取矩阵 A 的数据的子程序 **GetA**、提取初始向量的子程序 **GetB**、**按钮** BtnClear 的 **Click** 事件代码，参看 "7.1 乘幂法"。

（2）公共单元（Moudle.VB 单元）代码。

```vb
Imports System.Math
Module Module1
    '交换两个参数值的子程序 SwapXY。输入 X 和 Y，返回值交换后的 X 和 Y
    Sub SwapXY(ByRef X As Double, ByRef Y As Double)
        Dim T As Double
        T = X: X = Y: Y = T
    End Sub
    '消元子程序 XiaoYuan。输入矩阵 A、向量 B 和消元次序 K，返回消元后的矩阵 A
    和向量 B
    Sub XiaoYuan(ByRef A(, ) As Double, ByRef B() As Double, K As Integer)
        Dim I As Integer, J As Integer, N As Integer, M As Double
        N = UBound(B)
        For I = K + 1 To N
            M = A(I, K) / A(K, K)
            For J = K + 1 To N
                A(I, J) = A(I, J) - M * A(K, J)
            Next
            B(I) = B(I) - M * B(K)
        Next
    End Sub
    '回代求解子程序 HuiDai。输入消元计算后的矩阵 A 和向量 B，返回解向量(存储
    在向量 B 中)
    Sub HuiDai(ByRef A(, ) As Double, ByRef B() As Double)
        Dim I As Integer, J As Integer, N As Integer, Sum As Double
        N = UBound(B)
        B(N) = B(N) / A(N, N)
        For I = N - 1 To 1 Step -1
            Sum = 0
            For J = I + 1 To N
                Sum = Sum + A(I, J) * B(J)
            Next
            B(I) = (B(I) - Sum) / A(I, I)
        Next
    End Sub
    '判断矩阵是否奇异的子程序 MatrixIsQY。输入矩阵 A 和矩阵维数 N，返回是否奇异
    的标志和相关信息 Msg
    Function MatrixIsQY(ByRef Msg As String, A(, ) As Double, N As Integer)
```

```vb
    Dim I As Integer
    For I = 1 To N
      If Abs(A(I, I)) < = 0.0000000001 Then
        Msg = "是奇异矩阵！"
        MatrixIsQY = True
        Exit Function
      End If
      MatrixIsQY = False
    Next
End Function
'按列选主元子程序 GetMaxandIK。返回主元绝对值 Amax 及所在行 IK
Sub GetMaxandIK(ByRef IK As Integer, ByRef Amax As Double, S() As Double, K As
Integer)
    Dim I As Integer
    Amax = 0
    For I = K To UBound(S)
      If Abs(S(I)) > Amax Then
        Amax = Abs(S(I)): IK = I
      End If
    Next
End Sub
'LU 分解子程序 GetLandU。输入矩阵 A，返回上三角矩阵 U、下三角矩阵 L(U 和
L 的元素依然存储在 A 中) 和行交换信息数组 Ind
Sub GetLandU(ByRef A(, ) As Double, ByRef Ind() As Integer)
    Dim I, R, K As Integer, N As Integer, Amax As Double, Sum As Double
    Dim S() As Double
    N = UBound(Ind)
    ReDim S(N)
    For R = 1 To N - 1
      For I = R To N
        Sum = 0
        For K = 1 To R - 1
          Sum = Sum + A(I, K) * A(K, R)
        Next
        S(I) = A(I, R) – Sum: A(I, R) = S(I)
      Next
      GetMaxandIK(Ind(R), Amax, S, R)
      If Amax < = 0.0000000001 Then
```

```
        MessageBox.Show("系数矩阵是奇异矩阵！")
        Exit Sub
      End If
      If Ind(R) <> R Then
        For I = 1 To N
          SwapXY(A(R, I), A(Ind(R), I))
        Next
        SwapXY(S(R), S(Ind(R)))
      End If
      For I = R + 1 To N
        A(I, R) = S(I) / A(R, R)
        Sum = 0
        For K = 1 To R - 1
          Sum = Sum + A(R, K) * A(K, I)
        Next
        A(R, I) = A(R, I) - Sum
      Next
    Next
    For K = 1 To N - 1
      A(N, N) = A(N, N) - A(N, K) * A(K, N)
    Next
End Sub
'解方程组 Ly = B 的子程序 GetYFromLandB。输入向量 B 和 L 矩阵，返回解向量 B
Sub GetYFromLandB(ByRef B() As Double, L(, ) As Double)
    Dim I, J, N As Integer
    N = UBound(B)
    For I = 2 To N
      For J = 1 To I - 1
        B(I) = B(I) - L(I, J) * B(J)
      Next
    Next
End Sub
'LU 分解法求解子程序 LU。输入矩阵 A 和向量 B，返回解向量(存储在 B 内)，主
要调用了 LU 分解子程序 GetLandU 和回代求解子程序 GetYFromLandB 、HuiDai；其
中的数组 Ind 存储子程序 GetLandU 中的行交换信息并返回到本子程序
Function LU(A(, ) As Double, ByRef B() As Double) As Double
    Dim I, J, N As Integer, Msg As String, Ind() As Integer
    N = UBound(B)
```

```
    ReDim Ind(N)
    GetLandU(A, Ind)    '将矩阵 A 分解为 L 和 U, 仍存储在 A 里
    For I = 1 To N - 1
        If Ind(I) <> I Then SwapXY(B(I), B(Ind(I)))
    Next
    If MatrixIsQY(Msg, A, N) Then
        MessageBox.Show("矩阵" + Msg)
        LU = False
        Exit Function
    End If
    GetYFromLandB(B, A)    '解 LY = B, 得 Y 向量, 存储在 B 中返回
    HuiDai(A, B)    '解 UX = Y, 得 X 向量(解向量), 存储在 B 中返回
    LU = True
    End Function
End Module
```

求向量中绝对值最大的分量的子程序 **MaxOfVector**、求两个向量和的子程序 **VectorAplusVectorB**、求向量的 1-范数的子程序 **Fanshu1OfVector**, 参看 "7.1 乘幂法" 的公共单元代码。

7.2.3 算例及结果

求下面矩阵按模最小的特征值及其特征向量

$$\begin{bmatrix} 2 & 0 & -1 \\ -2 & -10 & 0 \\ -1 & -1 & 4 \end{bmatrix}$$

算例参数输入及反幂法求解结果如图 7.3 所示。

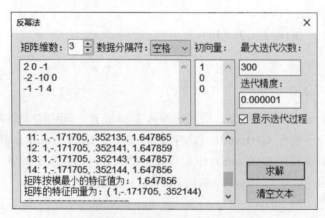

图 7.3　算例的反幂法求解结果

7.3 QR 方法

7.3.1 算法原理与步骤

QR 方法可以求出 Hessenberg 矩阵的所有特征值,带原点位移的双重步 QR 文法是收敛速度较快的 QR 方法。所以,使用 QR 方法求一般矩阵的所有特征值时,第一步是将一般矩阵化为上 Hessenberg 矩阵,第二步是采用双重步 QR 方法求解上 Hessenberg 矩阵的特征值。

1)将一般矩阵化为上 Hessenberg 矩阵

将一般矩阵化为上 Hessenberg 矩阵包括两方面内容:利用相似变换减小矩阵的范数,改变算法在执行过程中特征值对摄入误差的灵敏性,对对称矩阵无影响;用消去法将一般实矩阵化为上 Hessenberg 矩阵,对实非对称矩阵非常有用。

2)双重步 QR 方法求解上 Hessenberg 矩阵的特征值

(1)从 $A_1 \equiv A$ 开始,取原点位移 k_s 和 k_{s+1},依次计算

$$A_s - k_s I = Q_s^T R_s$$

$$A_{s+1} = R_s Q_s^T + k_s I$$

$$A_{s+1} - k_{s+1} I = Q_{s+1}^T R_{s-1}$$

$$A_{s+2} = Q_{s+1} Q_s A_s Q_s^T Q_{s+1}^T$$

定义 $M = (A_s - k_{s+1} I)(A_s - k_s I)$,则

$$R = R_{s+1} R_s = Q_{s+1} Q_s M = QM$$

$$A_s Q^T = Q^T A_{s+2}$$

由 QR 分解的唯一性,若有 $A_s \overline{Q}^T = \overline{Q}^T H$ 使 $\overline{Q}^T$ 正交且与 Q^T 的第一列相同,而 H 为上 H-型矩阵,则 $\overline{Q} = Q$,$A_{s+2} = H$。

(2)由 Q 三对角化 M,Q 正交,则 $Q = P_{n-1} P_{n-2} \cdots P_2 P_1$,其中 P_i 是左上角为 $(i-1) \times (i-1)$ 阶单位阵的 Hessenberg 矩阵($i = 1, 2, \cdots, n-1$)。因此,Q 的第一行即 P_1 的第一行。

因 P_1 由 M 的第一行确定,且 A_s 为上 H-型矩阵,所以 M 的第一列为 $(p_1, q_1, r_1, 0, \cdots, 0)^T$,其中

$$p_1 = a_{11}^2 - a_{11}(k_s + k_{s+1}) + k_s k_{s+1} + a_{12} a_{21}$$

$$q_1 = a_{21}(a_{11} + a_{22} - k_s - k_{s+1})$$

$$r_1 = a_{21} a_{32}$$

由此

$$P_1 = I - 2W_1 W_1^T, \quad W_1 = (\times, \times, \times, 0, \cdots, 0)^T。$$

依次做 Hessenberg 变换:

$$\overline{P}_i = I - 2W_i W_i^{\mathrm{T}} \quad (i = 2, 3, \cdots, n-1)$$

其中,W_i 仅有三个非零分量,即第 i 个、第 $i+1$ 个、第 $i+2$ 个,使 $H = \overline{P}_{n-1}\overline{P}_{n-2}\cdots\overline{P}_2 P_1 A_s P_1^{\mathrm{T}}\overline{P}_2^{\mathrm{T}}\cdots$ $\overline{P}_{n-2}^{\mathrm{T}}\overline{P}_{n-1}^{\mathrm{T}}$ 为上 H-型矩阵,则 $\overline{Q} = Q = \overline{P}_{n-1}\cdots\overline{P}_2 P_1$,$A_{s+2} = H$。

注意 $\overline{P}_i$ 的作用在第 $i-1$ 列($i = 2, \cdots, n-1$)。

（3）原点位移取为 k_s 的右下角的 2×2 子矩阵的特征值，即

$$k_s + k_{s+1} = a_{n-1,n-1} + a_{nn}$$

$$k_s k_{s+1} = a_{n-1,n-1}a_{nn} - a_{n-1,n}a_{n,n-1}$$

由此得

$$p_1 = a_{21}\{[(a_{nn}-a_{11})(a_{n-1,n-1}-a_{11})-a_{n-1,n}a_{n,n-1}]/a_{21}+a_{12}\}$$

$$q_1 = a_{21}[a_{22}-a_{11}-(a_{nn}-a_{11})-(a_{n-1,n-1}-a_{11})]$$

$$r_1 = a_{21}a_{32}$$

（4）在 P_1 和 $\overline{P}_i$($i = 2, ..., n-1$)中,$2W_i W_i^{\mathrm{T}}$ 中的非零部分具有如下形式

$$[(p\pm s)/(\pm s), q/(\pm s), r/(\pm s)]^T[1, q/(p\pm s), r/(p\pm s)]$$

其中,$s^2 = p^2 + q^2 + r^2$。

（5）在每次迭代中，先考虑矩阵是否可降阶以对较低阶的子矩阵迭代求最大的 i，使 $a_{i,i-1}$ 可忽略（若没有这样的 i，则取 $i = 1$）。

若 $i = n$，则求得 1 个特征值；若 $i = n-1$，则求得 2 个特征值；否则，对第 i 行到第 n 行的子矩阵迭代，此时，当连续两个次对角元之积可忽略时，也可把矩阵分为低阶矩阵来作变换。判别准则为依次对 $m = n-2, n-3, ..., i+1$，考察

$$|a_{m,m-1}|(|q|+|r|) << |p|(|a_{m+1,m+1}|+|a_{mm}|+|a_{m-1,m-1}|)$$

其中

$$p = a_{m+1,m}\{[(a_{nn}-a_{mm})(a_{n-1,n-1}-a_{mm})-a_{n-1,n}a_{n,n-1}]/a_{m+1,m}+a_{m,m+1}\}$$

$$q = a_{m+1,m}[a_{m+1,m+1}-a_{mm}-(a_{nn}-a_{mm})-(a_{n-1,n-1}-a_{mm})]$$

$$r = a_{m+1,m}a_{m+2,m+1}$$

（6）通常在迭代 10 次后还未确定出一个特征值时，改变位移量

$$k_s + k_{s+1} = 1.5(|a_{n,n-1}|+|a_{n-1,n-2}|)$$

$$k_s k_{s+1} = (|a_{n,n-1}|+|a_{n-1,n-2}|)^2$$

实践中发现，当矩阵元素 $a_{n,n-1}\rightarrow0$ 时，迭代的收敛速度最快，a_{nn} 最先收敛到特征值，

故可首先取 k_s 为 A_s 的第 n 行第 n 列元素。采用此技术，将加快矩阵元素 $a_{n,\,n-1}$ 的收敛，一旦其足够接近 0，则迭代矩阵变为分块对角阵，只需对删除了第 n 行第 n 列而得到的子矩阵求所有特征值。

7.3.2　算法实现程序

双重步 QR 方法程序界面如图 7.4 所示。

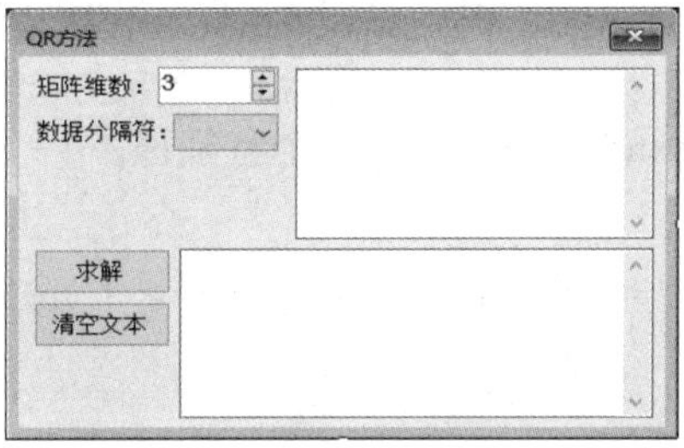

图 7.4　双重步 QR 方法程序界面

程序实现的主要代码如下：

（1）窗体单元代码。

```
Imports System.Math
Public Class frmMain
    Dim Seperator As Char
    '按钮 BtnResult 的 Click 事件
    Private Sub btnResult_Click(sender As Object, e As EventArgs) Handles btnResult.Click
        Dim A(, ) As Double, N As Integer, WR() As Double, WI() As Double
        N = UpDownN.Value
        ReDim A(N, N), WR(N), WI(N)
        GetSeperator()
        If Seperator = "" Then Seperator = " "    '默认值为空格
        GetA(A)
        Balance(A)
        Elmhes(A)
        QR(A, WR, WI)
        OutPutResult(WR, WI)
    End Sub
    '输出求解结果的子程序 OutPutResult
    Private Sub OutPutResult(WR() As Double, WI() As Double)
        Dim I, N As Integer, S As String
        Const EE = 1000000
        N = UBound(WR)
```

```
Memo.AppendText("矩阵的特征值为：" + vbCrLf)
For I = 1 To N
    If Abs(WI(I)) < = 0.0000000001 Then
        S = Str(Round(WR(I) * EE) / EE)
    ElseIf WI(I) > 0 Then
        S = Str(Round(WR(I) * EE) / EE) + "+j" + Str(Round(WI(I) * EE) / EE)
    Else
        S = Str(Round(WR(I) * EE) / EE) + "-j" + Str(Abs(Round(WI(I) * EE) / EE))
    End If
    Memo.AppendText("第" + Str(I) + "个特征值：" + S + vbCrLf)
Next
Memo.AppendText("====================" + vbCrLf)
End Sub
End Class
```

取得数据分隔符的子程序 **GetSeperator**、提取矩阵 **A** 的数据的子程序 **GetA**、按钮 **BtnClear** 的 **Click** 事件代码，参看"7.1 乘幂法"。

（2）公共单元（Moudle.VB 单元）代码。

```
Imports System.Math
Module Module1
    '交换两个变量值的子程序 SwapXY
    Sub SwapXY(ByRef X As Double, ByRef Y As Double)
        Dim T As Double
        T = X: X = Y: Y = T
    End Sub
    '对实矩阵进行平衡处理的子程序 Balance。输入矩阵 A，返回平衡处理后的矩阵 A
    Sub Balance(ByRef A(, ) As Double)
        Dim I, J, Last, N As Integer, RADIX, SQRDX, C, R, G, F, S As Double
        N = UBound(A, 1)
        RADIX = 2:   SQRDX = RADIX ^ 2
        Last = 0
        Do While Last = 0
            Last = 1
            For I = 1 To N
                C = 0: R = 0
                For J = 1 To N
                    If I <> J Then
                        C = C + Abs(A(J, I)): R = R + Abs(A(I, J))
                    End If
```

```
            Next
            If C <> 0 And R <> 0 Then
                G = R / RADIX
                F = 1: S = C + R
                Do While C < G
                    F = F * RADIX: C = C * SQRDX
                Loop
                G = R * RADIX
                Do While C > G
                    F = F / RADIX: C = C / SQRDX
                Loop
                If (C + R) / F < 0.95 * S Then
                    G = 1 / F
                    For J = 1 To N
                        A(I, J) = A(I, J) * G
                    Next
                    For J = 1 To N
                        A(J, I) = A(J, I) * F
                    Next
                    Last = 0
                End If
            End If
        Next
    Loop
End Sub
```

'用消去法将一般矩阵转化为上 Hessenberg 矩阵的子程序 **Elmhes**。输入矩阵 **A**，返回 H-型矩阵

```
    Sub Elmhes(ByRef A(, ) As Double)
        Dim I, J, M, N As Integer, X, Y As Double
        N = UBound(A, 1)
        If N > 2 Then
            For M = 2 To N - 1
                X = 0:I = M
                For J = M To N
                    If Abs(A(J, M - 1)) > Abs(X) Then
                        X = A(J, M - 1):I = J
                    End If
                Next
```

```
            If I <> M Then
                For J = M - 1 To N
                    SwapXY(A(I, J), A(M, J))
                Next
                For J = 1 To N
                    SWapXY(A(J, I), A(J, M))
                Next
            End If
            If X <> 0 Then
                For I = M + 1 To N
                    Y = A(I, M - 1)
                    If Y <> 0 Then
                        Y = Y / X: A(I, M - 1) = Y
                        For J = M To N
                            A(I, J) = A(I, J) - Y * A(M, J)
                        Next
                        For J = 1 To N
                            A(J, M) = A(J, M) + Y * A(J, I)
                        Next
                    End If
                Next
            End If
        Next
    End If
End Sub
```

'对 Hessenberg 矩阵进行双重步分解的子程序 **QR**。输入矩阵 **A**，返回数组 **WR** 和 **WI**，它们分别存放所求特征向量的实部和虚部

```
Sub QR(A(, ) As Double, ByRef WR() As Double, ByRef WI() As Double)
    Dim I, J, NN, II, K, ITS, L, M, N As Integer
    Dim ANORM, T, S, X, Y, W, R, Q, P, U, Z, AA, BB, V As Double
    N = UBound(WR)
    ANORM = Abs(A(1, 1))
    For I = 2 To N
        For J = I - 1 To N
            ANORM = ANORM + Abs(A(I, J))
        Next
    Next
    NN = N: T = 0
```

```
Do While NN > = 1
    ITS = 0
1:For L = NN To 2 Step -1
        S = Abs(A(L - 1, L - 1)) + Abs(A(L, L))
        If S = 0 Then S = ANORM
        If Abs(A(L, L - 1)) < = 0.000000000000001 Then GoTo 2
    Next
    L = 1
2:X = A(NN, NN)
    If L = NN Then
        WR(NN) = X + T: WI(NN) = 0
        NN = NN - 1
    Else
        Y = A(NN - 1, NN - 1): W = A(NN, NN - 1) * A(NN - 1, NN)
        If L = NN - 1 Then
            P = 0.5 * (Y - X): Q = P * P + W
            Z = Sqrt(Abs(Q)): X = X + T
            If Q > = 0 Then
                If P > = 0 Then
                    Z = P + Abs(Z)
                Else
                    Z = P - Abs(Z)
                End If
                WR(NN) = Z + X: WR(NN - 1) = WR(NN)
                If Z <> 0 Then WR(NN) = X - W / Z
                WI(NN) = 0: WI(NN - 1) = 0
            Else
                WR(NN) = X + P: WR(NN - 1) = WR(NN)
                WI(NN) = Z: WI(NN - 1) = -Z
            End If
            NN = NN - 2
        Else
            If ITS = 10 Then
                T = T + X
                For I = 1 To NN
                    A(I, I) = A(I, I) - X
                Next
                S = Abs(A(NN, NN - 1)) + Abs(A(NN - 1, NN - 2))
```

```
        X = 0.75 * S: Y = X: W = -0.4375 * S * S
End If
ITS = ITS + 1
For M = NN - 2 To L Step -1
    Z = A(M, M):R = X - Z
    S = Y – Z:P = (R * S - W) / A(M + 1, M) + A(M, M + 1)
    Q = A(M + 1, M + 1) - Z - R – S:R = A(M + 2, M + 1)
    S = Abs(P) + Abs(Q) + Abs(R):P = P / S
    Q = Q / S: R = R / S
    If M = L Then Exit For
    U = Abs(A(M, M - 1)) * (Abs(Q) + Abs(R))
    BB = Abs(A(M + 1, M + 1)): AA = Abs(A(M - 1, M - 1)) + Abs(Z) + BB
    V = Abs(P) * AA
    If Abs(U) < = 0.000000000000001 Then Exit For
Next
For I = M + 2 To NN
    A(I, I - 2) = 0
    If I <> M + 2 Then A(I, I - 3) = 0
Next
For K = M To NN - 1
    If K <> M Then
        P = A(K, K - 1): Q = A(K + 1, K - 1): R = 0
        If K <> NN - 1 Then R = A(K + 2, K - 1)
        X = Abs(P) + Abs(Q) + Abs(R)
        If X <> 0 Then
            P = P / X: Q = Q / X: R = R / X
        End If
    End If
    If P > = 0 Then
        S = Sqrt(P * P + Q * Q + R * R)
    Else
        S = -Sqrt(P * P + Q * Q + R * R)
    End If
    If S <> 0 Then
        If K = M Then
            If L <> M Then A(K, K - 1) = -A(K, K - 1)
        Else
            A(K, K - 1) = -S * X
```

```
        End If
        P = P + S: X = P / S: Y = Q / S
        Z = R / S: Q = Q / P: R = R / P
        For J = K To NN
            P = A(K, J) + Q * A(K + 1, J)
            If K <> NN - 1 Then
                P = P + R * A(K + 2, J): A(K + 2, J) = A(K + 2, J) - P * Z
            End If
            A(K + 1, J) = A(K + 1, J) - P * Y: A(K, J) = A(K, J) - P * X
        Next
        If NN > K + 3 Then
            II = K + 3
        Else
            II = NN
        End If
        For I = L To II
            P = X * A(I, K) + Y * A(I, K + 1)
            If K <> NN - 1 Then
                P = P + Z * A(I, K + 2): A(I, K + 2) = A(I, K + 2) - P * R
            End If
            A(I, K + 1) = A(I, K + 1) - P * Q: A(I, K) = A(I, K) - P
        Next
        End If
    Next
    GoTo 1
    End If
    End If
    Loop
    End Sub
End Module
```

7.3.3 算例及结果

求下面矩阵的所有特征值

$$\begin{bmatrix} 2 & 0 & -1 \\ -2 & -10 & 0 \\ -1 & -1 & 4 \end{bmatrix}$$

参数输入及 QR 方法求解结果如图 7.5 所示。

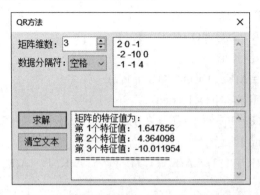

图 7.5　算例的双重步 QR 方法求解结果

上机实验题

1. 试编写乘幂法通用程序，并计算 $A = \begin{bmatrix} 15 & -2 & 2 \\ 1 & 10 & -3 \\ -2 & 1 & 0 \end{bmatrix}$ 的主特征值及相应的特征向量。

2. 试编写反幂法通用程序，并计算 $A = \begin{bmatrix} 15 & -2 & 2 \\ 1 & 10 & -3 \\ -2 & 1 & 0 \end{bmatrix}$ 的按模最小的特征值及相应的

特征向量。

3. 试编写 QR 方法通用程序，并计算 $A = \begin{bmatrix} 1 & 2 & 1 & 2 \\ 2 & 2 & -1 & 1 \\ 1 & -1 & 1 & 1 \\ 2 & 1 & 1 & 1 \end{bmatrix}$ 的所有特征值。

第 8 章　数值积分与数值微分

函数 $f(x)$ 在区间 $[a, b]$ 上的定积分为 $I(a,b;f) = \int_a^b f(x)\mathrm{d}x$ ，用数值方法求该定积分的值，就是用 $f(x)$ 在节点 $x_i(i = 0, 1, \cdots, n)$ 上的函数值 $f(x_i)$ 的某种线性组合作近似替代，即 $I(a,b;f) \approx \sum_{i=0}^{n} A_i f(x_i)$ 。

8.1　复化矩形求积法

8.1.1　算法原理与步骤

将积分区间 $[a, b]$ 分成 n 个子区间 $[x_i, x_{i+1}](i = 0, 1, \cdots, n-1)$，步长 $h = (b-a)/n$，令 $f_i = f(x_i)$，若在子区间 $[x_i, x_{i+1}]$ 上，被积函数 $f(x)$ 用其在区间中点的函数值 $f_{i+1/2} = f(x_i+0.5h)$ 作为其在该子区间上的近似值，得矩形公式

$$I(x_i, x_{i+1}; f) \approx h \cdot f_{i+1/2}$$

在每个子区间 $[x_i, x_{i+1}]$ 上都应用矩形公式求积，得复化矩形求积公式

$$I(a,b;f) = \sum_{i=0}^{n-1} \int_{x_i}^{x_{i+1}} f(x)\mathrm{d}x \approx R_n = h \cdot \sum_{i=0}^{n-1} f_{i+1/2}$$

复化矩形求积法的算法步骤如下：

步骤 1：给定被积函数 $f(x)$、积分区间端点 a 和 b、积分区间等分数 n。

步骤 2：计算 $h = (b-a)/n$。

步骤 3：对于 $i = 0, 1, 2, \cdots, n-1$，计算 $f_{i+1/2} = f[a+(i+0.5)h]$。

步骤 4：计算 $R = h(f_{0.5} + f_{1.5} + \cdots + f_{n-0.5})$。

步骤 5：输出 R，计算结束。

8.1.2　算法实现程序

复化矩形求积法程序界面如图 8.1 所示。

图 8.1　复化矩形求积法程序界面

程序实现的主要代码如下：

```
Imports System.Math
Public Class frmMain
    Private Function Func(X As Double)
        '这里写入被积函数表达式
        Func = Cos(X)
    End Function
    '交换两个变量值的子程序 SWapXY
    Private Sub SWapXY(ByRef X As Double, ByRef Y As Double)
        Dim T As Double
        T = X: X = Y: Y = T
    End Sub
    '复化矩形求积子程序 Rect。输入积分区间端点 A 和 B、区间等分数 N，返回积分值
    Private Function Rect(A As Double, B As Double, N As Integer)
        Dim H As Double, Sum As Double, I As Integer
        H = (B - A) / N: Sum = 0
        For I = 0 To N - 1
            Sum = Sum + Func(A + (I + 0.5) * H)
        Next
        Rect = Sum * H
    End Function
    '按钮 BtnClear 的 Click 事件
    Private Sub BtnClear_Click(sender As Object, e As EventArgs) Handles BtnClear. Click
        Memo.Clear()
    End Sub
    '按钮 BtnResult 的 Click 事件
    Private Sub BtnResult_Click(sender As Object, e As EventArgs) Handles BtnResult. Click
        Dim A, B, F As Double, N As Integer
        A = Val(EdtA.Text): B = Val(EdtB.Text)
        N = UpDownN.Value
        If A > B Then SWapXY(A, B)
```

```
        F = Rect(A, B, N)
        OutPutResult(F, N)
    End Sub
    '输出计算结果子程序 OutPutResult
    Private Sub OutPutResult(F As Double, N As Integer)
        Const EE = 100000000
        Memo.AppendText("=== 复化矩形求积法===" + vbCrLf)
        Memo.AppendText("积分区间细分为  " + Str(N) + " 等份；" + vbCrLf)
        Memo.AppendText("积分值为：" + Str(Round(F * EE) / EE) + vbCrLf)
        Memo.AppendText("==================" + vbCrLf)
    End Sub
End Class
```

8.1.3　算例及结果

用复化矩形求积法求定积分：

$$I = \int_0^1 \cos x \mathrm{d}x$$

参数输入及积分区间等分 300 份时的积分求解结果如图 8.2 所示。

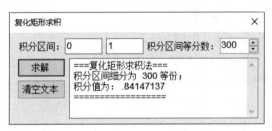

图 8.2　算例的复化矩形求积法求解结果

8.2　复化梯形求积法

8.2.1　算法原理与步骤

将积分区间 $[a, b]$ 分成 n 个子区间 $[x_i, x_{i+1}]$ $(i = 0, 1, 2, \cdots, n-1)$，令 $f_i = f(x_i)$，若在子区间 $[x_i, x_{i+1}]$ 上，被积函数 $f(x)$ 用线性函数来逼近，得梯形公式

$$I(x_i, x_{i+1}; f) = \int_{x_i}^{x_{i+1}} f(x)\mathrm{d}x \approx \frac{h}{2} \cdot (f_i + f_{i+1})$$

在每个子区间 $[x_{i-1}, x_i]$ 上都应用梯形公式求积，得复化梯形求积公式

$$I(a,b;f) = \sum_{i=0}^{n-1} \int_{x_i}^{x_{i+1}} f(x)\mathrm{d}x \approx T_n = \frac{h}{2} \cdot \left(f_0 + 2\sum_{i=1}^{n-1} f_i + f_n \right)$$

复化梯形求积法的算法步骤如下：

步骤 1：给定被积函数 $f(x)$、积分区间端点 a 和 b、积分区间等分数 n。

步骤 2：计算 $h = (b-a)/n$。

步骤 3：对于 $i = 0, 1, 2, \cdots, n$，计算 $f_i = f(a+ih)$。

步骤 4：计算 $T = \dfrac{h}{2} \cdot \left(f_0 + 2\sum_{i=1}^{n-1} f_i + f_n \right)$。

步骤 5：输出 T，计算结束。

8.2.2 算法实现程序

复化梯形求积法程序界面参见图 8.3。

程序实现的主要代码如下：

```
Imports System.Math
Public Class frmMain
  '复化梯形求积子程序 Trap。输入积分区间端点 A、B 和区间等分数 N，返回积分值
  Private Function Trap(A As Double, B As Double, N As Integer)
    Dim H As Double, Sum As Double, F0 As Double, Fn As Double, I As Integer
    F0 = Func(A): Fn = Func(B)
    H = (B - A) / N: Sum = (F0 + Fn) / 2
    For I = 1 To N - 1
      Sum = Sum + Func(A + I * H)
    Next
    Trap = Sum * H
  End Function
  '按钮 BtnResult 的 Click 事件
  Private Sub BtnResult_Click(sender As Object, e As EventArgs) Handles BtnResult.Click
    Dim A, B, F As Double, N As Integer
    A = Val(EdtA.Text): B = Val(EdtB.Text): N = UpDownN.Value
    If A > B Then SWapXY(A, B)
    F = Trap(A, B, N)
    OutPutResult(F, N)
  End Sub
End Class
```

被积函数 $f(x)$、输出计算结果子程序 **OutPutresult**、交换两个变量值的子程序 **SWapXY**、按钮 BtnClear 的 **Click** 事件代码，参看"8.1 复化矩形求积法"。

8.2.3 算例及结果

用复化梯形求积法求定积分：

$$\int_0^1 \cos x\, \mathrm{d}x$$

参数输入及积分区间等分 300 份时的积分求解结果如图 8.3 所示。

图 8.3 算例的复化梯形求积法求解结果

8.3 复化辛普森求积法

8.3.1 算法原理与步骤

将积分区间 $[a, b]$ 等分 n 份，步长 $h = (b-a)/n$，节点为 $x_0 = a, \cdots, x_k = x_0 + kh, \cdots, x_n = b$。在子区间 $[x_k, x_{k+1}]$ 内，用经过三点 $(x_k, f_k), (x_{k+0.5}, f_{k+0.5}), (x_{k+1}, f_{k+1})$ 的抛物线来逼近 $f(x)$，得

$$f(x) \approx p_3^{[k]}(x)$$

$$= f_k \frac{(x - x_{k+0.5})(x - x_{k+1})}{(x_k - x_{k+0.5})(x_k - x_{k+1})} + f_{k+0.5} \frac{(x - x_k)(x - x_{k+1})}{(x_{k+0.5} - x_k)(x_{k+0.5} - x_{k+1})} + f_{k+1} \frac{(x - x_k)(x - x_{k+0.5})}{(x_{k+1} - x_k)(x_{k+1} - x_{k+0.5})}$$

以 $p_3^{[k]}(x)$ 在子区间 $[x_k, x_{k+1}]$ 上的积分作为 $f(x)$ 在此子区间上积分的近似值，得 Simpson 公式(或抛物线公式)

$$I(x_k, x_{k+1}; f) = \int_{x_k}^{x_{k+1}} f(x)\mathrm{d}x \approx \int_{x_k}^{x_{k+1}} p_3^{[k]}(x)\mathrm{d}x = h(f_k + 4f_{k+0.5} + f_{k+1})/6$$

在每个子区间 $[x_k, x_{k+1}]$ $(k = 0, 1, \cdots, n-1)$ 上都应用 Simpson 公式，则得复化 Simpson 公式(或复化抛物线公式)

$$I(a, b; f) \approx S_n = \frac{h}{6}\left(f_0 + 4\sum_{k=0}^{n-1} f_{k+0.5} + 2\sum_{k=1}^{n-1} f_k + f_n \right)$$

复化 Simpson 求积法的算法步骤如下：
步骤 1：给定被积函数 $f(x)$、积分区间端点 a 和 b、积分区间等分数 n。
步骤 2：计算 $h = (b-a)/n$，$S = 0$。
对于 $k = 0, 1, 2, \cdots, n-1$，执行步骤 3 至步骤 4。
步骤 3：$f_1 = f(a + kh)$，$f_2 = f[a + (k+0.5)h]$，$f_3 = f[a + (k+1)h]$。

步骤 4：计算 $S = S + (f_1 + 4f_2 + f_3)$。

步骤 5：输出 $S×h/6$，计算结束。

8.3.2 算法实现程序

复化辛普森求积法程序界面参见图 8.4。

程序实现的主要代码如下：

```
Imports System.Math
Public Class frmMain
    '复化辛普森求积子程序 Simpson。输入积分区间端点 A、B 和区间等分数 N，返
回积分值
    Private Function Simpson(A As Double, B As Double, N As Integer)
        Dim H As Double, S As Double, I As Integer, F() As Double
        H = (B - A) / N
        ReDim F(2*N + 1)
        For I = 0 To 2*N
            F(I) = Func(A + I * H/2)
        Next
        S = 0
        For I = 0 To N- 1
            S = S + F(2 * I) + 4 * F(2 * I + 1) + F(2 * I + 2)
        Next
        Simpson = S*H/6
    End Function
    '按钮 BtnResult 的 Click 事件
    Private Sub BtnResult_Click(sender As Object, e As EventArgs) Handles BtnResult.Click
        Dim A, B, F As Double, N As Integer
        A = Val(EdtA.Text): B = Val(EdtB.Text)
        N = UpDownN.Value
        If N < = 0 Then
            MessageBox.Show("积分区间等分数应为>0 的数，请正确输入！")
            Exit Sub
        End If
        If A > B Then SWapXY(A, B)
        F = Simpson(A, B, N)
        OutPutResult(F, N)
    End Sub
End Class
```

被积函数 $f(x)$、输出计算结果子程序 **OutPutResult**、交换两个变量值的子程序 **SWapXY**、按钮 BtnClear 的 **Click** 事件代码，参看"8.1 复化矩形求积法"。

8.3.3　算例及结果

用复化辛普森求积法求定积分：

$$\int_0^1 \cos x \, dx$$

参数输入及求解结果如图 8.4 所示。当积分区间等分 14 份时，绝对误差小于 0.000 000 2，比积分区间等分 300 份时复化矩形求积法和复化梯形求积法的误差小。

图 8.4　算例的复化辛普森求积法求解结果

8.4　龙贝格求积法

8.4.1　算法原理与步骤

计算函数积分时，联合使用复化梯形公式的逐次二分技术和 Richardson 外推法，即可得到龙贝格求积法。依次将积分区间 $[a, b]$ 分成 2^n 个子区间（$n = 0, 1, 2, \cdots$），步长分别为 $h = (b-a)/2^n$（见图 8.5），函数 $f(x)$ 在每个子区间上的定积分用梯形公式计算，则可得 $f(x)$ 在区间 $[a, b]$ 上的定积分计算结果序列 $\{T_1, T_2, T_4, \cdots, T_N\}$，即梯形值序列：

$$T_N = \frac{b-a}{2N} \cdot \left(f_0 + 2\sum_{k=1}^{N-1} f_k + f_N \right) \quad (n = 0, 1, 2, \cdots; N = 2^n)$$

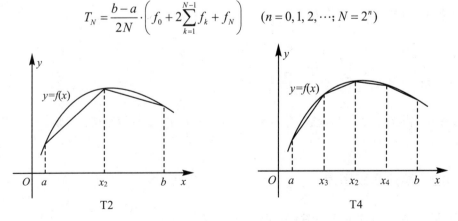

图 8.5　积分区间逐次二分示意图

将梯形值序列中相邻的两个值作线性组合产生的序列，记为 $\{S_k\}$ $(k = 1, 2, 4, 8, \cdots)$，则

$$S_k = T_{2k} + \frac{T_{2k} - T_k}{3} = T_{2k} + \frac{T_{2k} - T_k}{4-1}$$

将序列 $\{S_k\}$ 中相邻的两个值作线性组合产生的序列，记为 $\{C_k\}$，则

$$C_k = S_{2k} + \frac{S_{2k} - S_k}{15} = S_{2k} + \frac{S_{2k} - S_k}{4^2-1}$$

以此类推，将序列 $\{C_k\}$ 中相邻的两个值作线性组合产生的序列，记为 $\{R_k\}$，则

$$R_k = C_{2k} + \frac{C_{2k} - C_k}{63} = C_{2k} + \frac{C_{2k} - C_k}{4^3-1}$$

龙贝格求积法可按表 8.1 所示的过程来进行。

表 8.1　龙贝格求积法过程

步长	$(T_{n,0})$	$(T_{n,1})$	$(T_{n,2})$	$(T_{n,3})$	…
$(b-a)/2^0$	T_1 $(T_{0,0})$				
$(b-a)/2^1$	T_2 $(T_{1,0})$	S_1 $(T_{1,1})$			
$(b-a)/2^2$	T_4 $(T_{2,0})$	S_2 $(T_{2,1})$	C_1 $(T_{2,2})$		
$\vdots$					
$(b-a)/2^n$	T_N $(T_{n,0})$	$S_{N/2}$ $(T_{n,1})$	$C_{N/4}$ $(T_{n,2})$	$R_{N/8}$ $(T_{n,3})$	…

注：表中括号的表示方式便于编写程序。

龙贝格求积法的算法步骤如下：

步骤 1：给定被积函数 $f(x)$、积分区间端点 a 和 b、求解精度 E。

步骤 2：$T_{0,0} = \dfrac{b-a}{2} \cdot (f_0 + f_1)$。

步骤 3：对于 $n = 1, 2, \cdots$，执行步骤 4。

步骤 4：计算 $T_{n,0} = \dfrac{b-a}{2N} \cdot \left(f_0 + 2\sum_{k=1}^{N-1} f_k + f_N\right)$ $(N = 2^n)$。

对于 $k = 1, 2, \cdots, n$，执行步骤 5 至步骤 6。

步骤 5：计算 $T_{n,k} = T_{n,k-1} + \dfrac{T_{n,k-1} - T_{n-1,k-1}}{4^k - 1}$。

步骤 6：若 $|T_{n,k} - T_{n,k-1}| < E$ 或 $|T_{n,k} - T_{n-1,k}| < E$，输出 $T_{n,k}$，计算结束；否则，转到步骤 3。

8.4.2　算法实现程序

龙贝格求积法程序界面如图 8.6 所示。

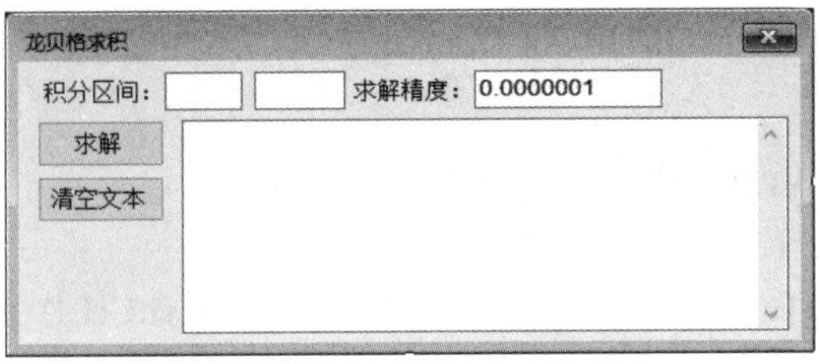

图 8.6　龙贝格求积法程序界面

程序实现的主要代码如下：

Imports System.Math

Public Class frmMain

　　'龙贝格求积分子程序 **RBG**。输入积分区间 A、B 和控制精度 EE，返回中间计算结果(存储在矩阵 TF 内)和区间等分层数 N

　　Private Function RBG(ByRef TF(,) As Double, ByRef N As Integer, A As Double, B As Double, EE As Double)

　　　　Dim I As Integer, J As Integer, NN As Integer

　　　　NN = UBound(TF, 1): TF(0, 0) = Trap(A, B, 1)

　　　　For I = 1 To NN

　　　　　　TF(I, 0) = Trap(A, B, 2 ^ I)

　　　　　　For J = 1 To I

　　　　　　　　TF(I, J) = TF(I, J - 1) + (TF(I, J - 1) - TF(I - 1, J - 1)) / (4 ^ J - 1)

　　　　　　Next

　　　　　　If Abs(TF(I, I) - TF(I, I - 1)) < = EE Then

　　　　　　　　N = I: RBG = TF(N, N)

　　　　　　　　Exit Function

　　　　　　End If

　　　　Next

　　End Function

　　'按钮 BtnResult 的 **Click** 事件

　　Private Sub BtnResult_Click(sender As Object, e As EventArgs) Handles BtnResult.Click

　　　　Dim A, B, EE, F As Double, N As Integer，　TF(,) As Double

　　　　A = Val(EdtA.Text): B = Val(EdtB.Text)

　　　　EE = Val(EdtE.Text)

　　　　If A > B Then SWapXY(A, B)

　　　　ReDim TF(8, 8)

　　　　F = RBG(TF, N, A, B, EE)

　　　　OutPutResult(B - A, F, EE, N, TF)

　　End Sub

　　'输出计算结果子程序 **OutPutResult**

```
    Private Sub OutPutResult(H0 As Double, F As Double, EE As Double, N As Integer,
TF(, ) As Double)
        Dim C, R As Integer, H As Double, S As String
        H = 2 * H0
        Memo.AppendText("====龙贝格求积法====" + vbCrLf)
        For R = 0 To N
          H = H / 2: S = Format(H, "0.0000E+00")
          For C = 0 To R
            S = S + "    " + Str(Round(TF(R, C) / EE) * EE)
          Next
          Memo.AppendText(S + vbCrLf)
        Next
        Memo.AppendText("积分值为： " + Str(Round(F / EE) * EE) + vbCrLf)
        Memo.AppendText("==================" + vbCrLf)
    End Sub
End Class
```

被积函数 $f(x)$、交换两个变量值的子程序 **SWapXY**、按钮 BtnClear 的 **Click** 事件代码，
参看 "8.1 复化矩形求积法"；复化梯形求积子程序 **Trap**，参看 "8.2 复化梯形求积法"。

8.4.3　算例及结果

用龙贝格求积法求定积分：

$$\int_0^1 \cos x\mathrm{d}x$$

参数输入及求解结果如图 8.7 所示。可以看到，龙贝格求积结果的精度很高。

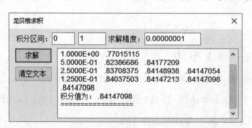

图 8.7　算例的龙贝格求积法求解结果

8.5　复化柯特斯求积法

8.5.1　算法原理与步骤

将积分区间 $[a, b]$ 等分 n 份，步长 $h = (b-a)/n$，节点为 $x_k = x_0 + kh$（$k = 0, 1, 2, \cdots, n$），

$x_0 = a$。求 $f(x)$ 在区间 $[a, b]$ 上积分近似值的牛顿-柯特斯公式为

$$I(a,b;f) \approx C_n = (b-a)\sum_{k=0}^{n} C_k^{(n)} f(x_k)$$

式中：$C_k^{(n)}$ 为牛顿-柯特斯系数，按表 8.2 取值。

当 $n>7$ 时，柯特斯系数出现负值，导致高阶的牛顿-柯特斯公式影响求积公式的稳定性。

表 8.2　牛顿-柯特斯系数表

n	$C_k^{(n)}$								
1	1/2	1/2							
2	1/6	4/6	1/6						
3	1/8	3/8	3/8	1/8					
4	7/90	32/90	12/90	32/90	7/90				
5	19/288	75/288	50/288	50/288	75/288	19/288			
6	41/840	216/840	27/840	272/840	27/840	216/840	41/840		
7	$\frac{751}{17280}$	$\frac{3577}{17280}$	$\frac{1323}{17280}$	$\frac{2989}{17280}$	$\frac{2989}{17280}$	$\frac{1323}{17280}$	$\frac{3577}{17280}$	$\frac{751}{17280}$	
8	$\frac{989}{28350}$	$\frac{5888}{28350}$	$\frac{-928}{28350}$	$\frac{10496}{28350}$	$\frac{-4540}{28350}$	$\frac{10496}{28350}$	$\frac{-928}{28350}$	$\frac{5888}{28350}$	$\frac{989}{28350}$

若将子区间 $[x_k, x_{k+1}]$ $(k = 0, 1, 2, \cdots, n-1)$ 进行 m 等分 $(m \leqslant 7)$，并应用牛顿-柯特斯公式求出 $f(x)$ 在子区间 $[x_k, x_{k+1}]$ 上的积分近似值，即

$$I(x_k, x_{k+1};f) = \int_{x_k}^{x_{k+1}} f(x)dx \approx C_k(f) = \frac{b-a}{n}\sum_{i=0}^{m} C_i^{(m)} f_{k,i}$$

式中：系数 $C_i^{(m)}$ 按 m 从表 8-1 中选取；$f_{k,i} = f(x_{k,i}) = f(x_k+ih/m)$ $(k = 0, 1, 2, \cdots, n-1; i = 0, 1, 2, \cdots, m)$。

在所有子区间 $[x_k, x_{k+1}]$ $(k = 0, 1, \cdots, n-1)$ 上都应用牛顿-柯特斯公式，即得复化柯特斯公式

$$I(a,b;f) = \sum_{k=0}^{n-1} I(x_k, x_{k+1};f) \approx \sum_{k=0}^{n-1}\left[\frac{b-a}{n}\sum_{i=0}^{m} C_i^{(m)} f(x_{k,i})\right]$$

采用复化柯特斯公式，可以避免高阶牛顿-柯特斯公式计算结果不稳定的缺点，同时可大大增加积分区间细分数。

复化柯特斯求积法的算法步骤如下：

步骤 1：给定被积函数 $f(x)$、积分区间端点 a 和 b、积分区间等分数 n 和子区间等分数 m。

步骤 2：计算 $h = (b-a)/n$。

对于 $k = 0, 1, \cdots, n-1$，执行步骤 3 至步骤 4。

步骤3：根据 m 和柯特斯系数表，计算 $f(x)$ 在子区间 $[x_k, x_{k+1}]$ 的积分近似值 $C_k(f)$。

$m = 1$：$C_k(f) = (f_{k,0} + f_{k,1})/2$

$m = 2$：$C_k(f) = (f_{k,0} + 4f_{k,1} + f_{k,2})/6$

$m = 3$：$C_k(f) = (f_{k,0} + 3f_{k,1} + 3f_{k,2} + f_{k,3})/8$

$m = 4$：$C_k(f) = (7f_{k,0} + 32f_{k,1} + 12f_{k,2} + 32f_{k,3} + 7f_{k,4})/90$

$m = 5$：$C_k(f) = (19f_{k,0} + 75f_{k,1} + 50f_{k,2} + 50f_{k,3} + 75f_{k,4} + 19f_{k,5})/288$

$m = 6$：$C_k(f) = (41f_{k,0} + 216f_{k,1} + 27f_{k,2} + 272f_{k,3} + 27f_{k,4} + 216f_{k,5} + 41f_{k,6})/840$

$m = 7$：……

步骤4：计算 $C = C + C_k(f)$。

步骤5：输出 $h \times C$，计算结束。

8.5.2　算法实现程序

复化柯特斯求积法程序界面如图 8.8。

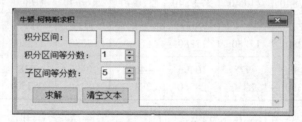

图 8.8　复化柯特斯求积法程序界面

程序实现的主要代码如下：

```
Imports System.Math
Public Class frmMain
    Private Function Func(X As Double)
        '这里写入被积函数表达式
        Func = Cos(X)
    End Function
```

'牛顿柯特斯求积子程序 **Cotes**。输入积分区间端点 A 和 B 区间等分数 N、子区间等分数 M，返回积分值

```
    Private Function Cotes(A As Double, B As Double, N As Integer, M As Integer)
        Dim H As Double, Sum As Double, I As Integer
        H = (B - A) / N: Sum = 0
        For I = 0 To N - 1
            Sum = Sum + Cm(A + I * H, H, M)
        Next
        Cotes = Sum * H
    End Function
```

'牛顿柯特斯法求函数在子区间上的积分值的子程序 **Cm**。输入子区间左端点 Xk、区间长度 H 和子区间等分数 M，返回积分值

```
Private Function Cm(Xk As Double, H As Double, M As Integer)
    Dim H1 As Double
    If M = 1 Then
        Cm = (Func(Xk) + Func(Xk + H)) / 2
    ElseIf M = 2 Then
        Cm = (Func(Xk) + 4 * Func(Xk + H / 2) + Func(Xk + H)) / 6
    ElseIf M = 3 Then
        H1 = H / M:
        Cm = (Func(Xk) + 3 * Func(Xk + H1) + 3 * Func(Xk + 2 * H1) + Func(Xk + H)) / 8
    ElseIf M = 4 Then
        H1 = H / M: Cm = 7 * Func(Xk) + 32 * Func(Xk + H1) + 12 * Func(Xk + H / 2)
        Cm = (Cm + 32 * Func(Xk + 3 * H1) + 7 * Func(Xk + H)) / 90
    ElseIf M = 5 Then
        Cm = 19 * Func(Xk) + 75 * Func(Xk + 0.2 * H) + 50 * Func(Xk + 0.4 * H)
        Cm = Cm + 50 * Func(Xk + 0.6 * H) + 75 * Func(Xk + 0.8 * H)
        Cm = (Cm + 19 * Func(Xk + H)) / 288
    ElseIf M = 6 Then
        H1 = H / M: Cm = 41 * Func(Xk) + 216 * Func(Xk + H1) + 27 * Func(Xk + 2 * H1)
        Cm = Cm + 272 * Func(Xk + 3 * H1) + 27 * Func(Xk + 4 * H1)
        Cm = (Cm + 216 * Func(Xk + 5 * H1) + 41 * Func(Xk + H)) / 840
    ElseIf M = 7 Then
        H1 = H / M: Cm = 751 * Func(Xk) + 3577 * Func(Xk + H1) + 1323 * Func(Xk + 2 * H1)
        Cm = Cm + 2989 * Func(Xk + 3 * H1) + 2989 * Func(Xk + 4 * H1) + 1323 * Func(Xk + 5 * H1)
        Cm = (Cm + 3577 * Func(Xk + 6 * H1) + 751 * Func(Xk + H)) / 17280
    End If
End Function
'按钮 BtnResult 的 Click 事件
Private Sub BtnResult_Click(sender As Object, e As EventArgs) Handles BtnResult.Click
    Dim A, B, F As Double, N As Integer, M As Integer
    A = Val(EdtA.Text): B = Val(EdtB.Text)
    N = UpDownN.Value: M = UpDownM.Value
    If M > 7 Then
        MessageBox.Show("子区间等分数应为<=7的正整数，请输入正确的数！")
        Exit Sub
    End If
```

```
    If A > B Then SWapXY(A, B)
    F = Cotes(A, B, N, M)
    OutPutResult(F, N, M)
End Sub
'输出计算结果子程序 OutPutResult
Private Sub OutPutResult(F As Double, N As Integer, M As Integer)
    Const EE = 100000000
    Memo.AppendText(" = = 牛顿柯特斯求积法 = = " + vbCrLf)
    Memo.AppendText("积分区间细分为  " + Str(N) + " 等份；" + vbCrLf)
    Memo.AppendText("子区间细分为  " + Str(M) + " 等份；" + vbCrLf)
    Memo.AppendText("积分值为： " + Str(Round(F * EE) / EE) + vbCrLf)
    Memo.AppendText("==================" + vbCrLf)
End Sub
End Class
```

交换两个变量值的子程序 **SWapXY**、按钮 BtnClear 的 **Click** 事件代码，参看 "8.1 复化矩形求积法"。

8.5.3　算例及结果

用牛顿柯特斯求积法求定积分：

$$\int_0^1 \cos x \mathrm{d}x$$

参数输入及求解结果如图 8.9 所示。可以看到，积分区间 1 等分、子区间 6 等分时，求解结果的精度已经非常高了。

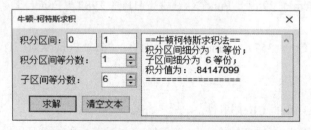

图 8.9　算例的牛顿柯特斯求积法求解结果

8.6　高斯-勒让德求积法

8.6.1　算法原理与步骤

函数 $f(x)$ 在标准积分区间 [−1, 1] 上的定积分为

$$\int_{-1}^{1} f(x)\mathrm{d}x = \sum_{i=0}^{n} A_i \cdot f(x_i)$$

其中：x_i 和 A_i 分别为 Gauss 点及其对应的系数，按表8.3选取。

表8.3 高斯-勒让德求积公式的节点和系数

节点数 $n+1$	Gauss 节点 x_i	求积系数 A_i
1	0	2
2	±0.5773502692	1
3	±0.7745966692	0.5555555556
	0	0.8888888889
4	±0.8611363116	0.3478548451
	±0.3399810436	0.6521451549
5	±0.9061798459	0.2369268851
	±0.5384593101	0.4786286705
	0	0.5688888889
6	±0.9324695142	0.1713244924
	±0.6612093865	0.3607615730
	±0.2386191816	0.4679139346
7	±0.9491079123	0.1294849662
	±0.7415311856	0.2797053915
	±0.4058451514	0.3818300505
	0	0.4179591834

当计算函数 $f(x)$ 在积分区间 $[a, b]$ 上的定积分时，需做线性变换 $x = \dfrac{a+b}{2} + \dfrac{b-a}{2}t$，这时，$t$ 在区间 $[-1, 1]$ 内，定积分为

$$\int_a^b f(x)\mathrm{d}x = \frac{b-a}{2} \int_{-1}^{1} f\left(\frac{a+b}{2} + \frac{b-a}{2}t\right)\mathrm{d}t \approx \frac{b-a}{2} \sum_{i=0}^{n} A_i f\left(\frac{a+b}{2} + \frac{b-a}{2}t_i\right)$$

高斯-勒让德求积法的算法步骤如下：

步骤1：给定被积函数 $f(x)$、积分区间端点 a 和 b、节点数 $n+1$。

步骤2：根据节点数确定 Gauss 点 x_i 和对应的系数 A_i。

节点数 $n+1 = 1$：$x_0 = 0$，$A_0 = 2$

节点数 $n+1 = 2$：$x_0 = 0.577\,350\,27$，$x_1 = -x_0$，$A_0 = A_1 = 1$

节点数 $n+1 = 3$：$x_0 = 0.774\,596\,67$，$x_1 = -x_0$，$x_2 = 0$，$A_0 = A_1 = 5/9$，$A_2 = 8/9$

节点数 $n+1 = 4$：$x_0 = 0.861\,136\,31$，$x_1 = -x_0$，$x_2 = 0.339\,981\,04$，$x_3 = -x_2$，$A_0 = A_1 = 0.347\,854\,85$，$A_2 = A_3 = 1 - A_0$

节点数 $n+1 = 5$：$x_0 = 0.906\,179\,85$，$x_1 = -x_0$，$x_2 = 0.538\,469\,31$，$x_3 = -x_2$，$x_4 = 0$，

$A_0 = A_1 = 0.236\ 926\ 89$，$A_2 = A_3 = 0.478\ 628\ 67$，$A_4 = 0.568\ 888\ 89$

…………

步骤 3：计算 $I_n = \dfrac{b-a}{2}\sum_{k=0}^{n}A_k f\left(\dfrac{a+b}{2}+\dfrac{b-a}{2}x_k\right)$。

步骤 4：输出 I_n，计算结束。

8.6.2　算法实现程序

高斯-勒让德求积法程序界面如图 8.10 所示。

图 8.10　高斯-勒让德求积法程序界面

程序实现的主要代码如下：

```
Imports System.Math
Public Class frmMain
   '设置 Gauss 节点 XX 及其对应的系数 AA
   Private Sub GetGaussJieDian(ByRef XX() As Double, ByRef AA() As Double)
     Dim N As Integer
     N = UBound(XX)
     If N = 1 Then
        XX(0) = 0: AA(0) = 2
     ElseIf N = 2 Then
        XX(0) = 0.5773502692: XX(1) = -XX(0)
        AA(0) = 1: AA(1) = 1
     ElseIf N = 3 Then
        XX(0) = 0.7745966692: XX(1) = -XX(0): XX(2) = 0:
AA(0) = 5 / 9: AA(1) = AA(0): AA(2) = 8 / 9
     ElseIf N = 4 Then
        XX(0) = 0.8611363116: XX(1) = -XX(0)
        XX(2) = 0.3399810436: XX(3) = -XX(2)
        AA(0) = 0.3478548451: AA(1) = AA(0)
        AA(2) = 1 - AA(0): AA(3) = AA(2)
     ElseIf N = 5 Then
```

```
          XX(0) = 0.9061798459: XX(1) = -XX(0)
          XX(2) = 0.5384593101: XX(3) = -XX(2)
          XX(4) = 0
          AA(0) = 0.2369268851: AA(1) = AA(0)
          AA(2) = 0.4786286705: AA(3) = AA(2)
          AA(4) = 0.5688888889
      ElseIf N = 6 Then
          XX(0) = 0.9324695142: XX(1) = -XX(0)
          XX(2) = 0.6612093865: XX(3) = -XX(2)
          XX(4) = 2386191816:    XX(5) = -XX(4)
          AA(0) = 0.1713244924: AA(1) = AA(0)
          AA(2) = 0.3607615730: AA(3) = AA(2)
          AA(4) = 0.4679139346: AA(5) = AA(4)
      ElseIf N = 7 Then
          XX(0) = 0.9491079123: XX(1) = -XX(0)
          XX(2) = 0.7415311856: XX(3) = -XX(2)
          XX(4) = 0.4058451514: XX(5) = -XX(4)
      XX(6) = 0
      AA(0) = 0.1294849662: AA(1) = AA(0)
      AA(2) = 0.2797053915:AA(3) = AA(2)
      AA(4) = 0.3818300505:AA(5) = AA(4)
      AA(6) = 0.4179591834
      End If
  End Sub
'高斯-勒让德求积子程序 Gauss。输入积分区间端点 A 和 B、节点数 N，返回积分值
Private Function Gauss(A As Double, B As Double, N As Integer)
    Dim I As Integer, Sum As Double, X As Double, XX() As Double, AA() As Double
    ReDim XX(N), AA(N)
    GetGaussJieDian(XX, AA)
    Sum = 0
    For I = 0 To N
        X = (B + A) / 2 + 0.5 * (B - A) * XX(I)
        Sum = Sum + AA(I) * Func(X)
    Next
    Gauss = 0.5 * (B - A) * Sum
End Function
'按钮 BtnResult 的 Click 事件
Private Sub BtnResult_Click(sender As Object, e As EventArgs) Handles BtnResult.Click
```

```
Dim A, B, F As Double, N As Integer
A = Val(EdtA.Text): B = Val(EdtB.Text)
N = Val(EdtN.Text)
If N > 7 Or N < 1 Then
    MessageBox.Show("节点数为大于 0 且小于 8 的正整数！")
    Exit Sub
End If
If A > B Then SWapXY(A, B)
F = Gauss(A, B, N)
OutPutResult(F, N)
End Sub
'输出计算结果子程序 OutPutResult
Private Sub OutPutResult(F As Double, N As Integer)
Const EE = 100000000
Memo.AppendText(" == 高斯-勒让德求积法== " + vbCrLf)
Memo.AppendText("积分节点数为  " + Str(N) + ";" + vbCrLf)
Memo.AppendText("积分值为： " + Str(Round(F * EE) / EE) + vbCrLf)
Memo.AppendText("====================" + vbCrLf)
End Sub
End Class
```

被积函数 $f(x)$、交换两个变量值的子程序 **SWapXY**、按钮 BtnClear 的 **Click** 事件代码，参看"8.1 复化矩形求积法"。

8.6.3 算例及结果

用高斯-勒让德求积法求定积分：

$$\int_0^1 \cos x \mathrm{d}x$$

参数输入及计算结果如图 8.11 所示。可以看到，高斯-勒让德求积法求解结果的精度很高。

图 8.11 算例的高斯-勒让德求积法求解结果

8.7 数值微分

8.7.1 算法原理与步骤

根据一些离散点上的 $f(x)$ 的值构造插值多项式 $P(x)$，然后利用 $P(x)$ 的各阶导数近似 $f(x)$ 的各阶导数。这种方法可得到较为一般的求导公式。

（1）两点插值微分。

经过两个插值节点 x_0，x_1 的拉格朗日插值多项式为

$$P_1(x) = \frac{x-x_1}{x_0-x_1} f(x_0) + \frac{x-x_0}{x_1-x_0} f(x_1)$$

其一阶导数为

$$P_1'(x) = \frac{f(x_1)-f(x_0)}{x_1-x_0}$$

两点插值微分法的算法步骤如下：

步骤 1：给定求导函数 $f(x)$、待求导点 x_0 和微分步长 h。

步骤 2：计算 $f(x_0)$ 和 $f(x_0+h)$。

步骤 3：计算 $f'(x_0) = \dfrac{f(x_0+h)-f(x_0)}{h}$。

步骤 4：输出 $f'(x_0)$，计算结束。

（2）三点插值微分。

经过三个插值节点 $x_0 = x_1-h$，x_1，$x_2 = x_1+h$ 的拉格朗日插值多项式为

$$P_2(x) = \frac{(x-x_1)(x-x_2)}{(x_0-x_1)(x_0-x_2)} f(x_0) + \frac{(x-x_0)(x-x_2)}{(x_1-x_0)(x_1-x_2)} f(x_1) + \frac{(x-x_0)(x-x_1)}{(x_2-x_0)(x_2-x_1)} f(x_2)$$

其一阶导数为

$$P_2'(x) = \frac{2(x-x_1)-h}{2h^2} f(x_0) - \frac{2(x-x_1)}{h^2} f(x_1) + \frac{2(x-x_1)+h}{2h^2} f(x_2)$$

故

$$f'(x_1) \approx P_2'(x_1) = \frac{f(x_2)-f(x_0)}{2h} = \frac{f(x_1+h)-f(x_1-h)}{2h}$$

三点插值微分法的算法步骤如下：

步骤 1：给定求导函数 $f(x)$、待求导点 x_0 和微分步长 h。

步骤 2：计算 $f(x_0-h)$ 和 $f(x_0+h)$。

步骤 3：计算 $f'(x_0) = \dfrac{f(x_0+h)-f(x_0-h)}{2h}$。

步骤 4：输出 $f'(x_0)$，计算结束。

（3）Richardson 外推法微分。

设微分步长为 h，则 $f(x)$ 在待求导点 x_0 的微分可按下式计算：

$$f'(x_0) \approx F(h) = \frac{f(x_0 + h) - f(x_0 - h)}{2h}$$

逐次将步长减半，计算序列 $\{F(h/2), F(h/4), \cdots, F(h/2^m), \cdots\}$。记 $A_{m,0} = F(h/2^m)$ $(m = 0, 1, 2, \cdots)$，当已经求出 $A_{m,k}$ 和 $A_{m-1,k}$ 时，按下式计算 $A_{m,k+1}$：

$$A_{m,k+1} = \frac{4^{k+1} \cdot A_{m,k} - A_{m-1,k}}{4^{k+1} - 1} \equiv A_{m,k} + \frac{A_{m,k} - A_{m-1,k}}{4^{k+1} - 1} \quad (k = 0, 1, 2, \cdots)$$

停止计算条件：$|A_{m,k+1} - A_{m,k}| < \varepsilon$。

Richardson 外推法可按表 8.4 所示的求导过程来进行。

表 8.4 Richardson 外推法求导过程

步长	$A_{m,0}$	$A_{m,1}$	$A_{m,2}$	$A_{m,3}$	...
$h/2^0$	$A_{0,0}$				
$h/2^1$	$A_{1,0}$	$A_{1,1}$			
$h/2^2$	$A_{2,0}$	$A_{2,1}$	$A_{2,2}$		
$h/2^3$	$A_{3,0}$	$A_{3,1}$	$A_{3,2}$	$A_{3,3}$	
$\vdots$					
$h/2^n$	$A_{n,0}$	$A_{n,1}$	$A_{n,2}$	$A_{n,3}$	...

Richardson 外推法微分的算法步骤如下：

步骤 1：给定求导函数 $f(x)$、待求导点 x_0、初始步长 h 和计算精度 E。

步骤 2：计算 $A_{0,0} = \dfrac{f(x_0 + h) - f(x_0 - h)}{2h}$。

步骤 3：对于 $m = 1, 2, \cdots$，执行步骤 4 至步骤 6。

步骤 4：$h = h/2$，计算 $A_{m,0} = \dfrac{f(x_0 + h) - f(x_0 - h)}{2h}$。

步骤 5：对于 $k = 1, \cdots, m$，计算 $A_{m,k} = A_{m,k-1} + \dfrac{A_{m,k-1} - A_{m-1,k-1}}{4^k - 1}$。

步骤 6：$|A_{m,k} - A_{m,k-1}| \geqslant E$，转至步骤 3；否则，转至步骤 7。

步骤 7：输出 $A_{m,k}$，计算结束。

8.7.2 算法实现程序

数值微分程序界面如图 8.12 所示。

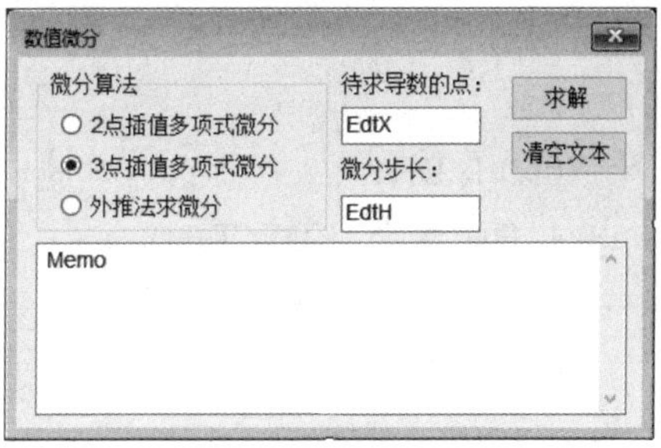

图 8.12　数值微分程序界面

程序实现的主要代码如下：

```
Imports System.Math
Public Class frmMain
    Private Function Func(X As Double)
        '这里写入待求导函数
        Func = (X ^ 2) * Exp(-X)
    End Function
    '按钮 BtnResult 的 Click 事件
    Private Sub BtnResult_Click(sender As Object, e As EventArgs) Handles BtnResult.Click
        Dim MethodInd As Integer, DH As Double, X0 As Double
        If RD2.Checked Then
            MethodInd = 2
        ElseIf RD3.Checked Then
            MethodInd = 3
        ElseIf RDW.Checked Then
            MethodInd = 4
        End If
        DH = Val(EdtH.Text): X0 = Val(EdtX.Text)
        ComputeDiff(MethodInd, X0, DH)
    End Sub
    '求微分的子程序 ComputeDiff。输入微分算法序号 MethodInd、微分步长 DH、待
求微分点 X0
    Private Sub ComputeDiff(MethodInd As Integer, X0 As Double, DH As Double)
        Dim N As Integer, WF As Double, A(, ) As Double
        If MethodInd = 2 Then
            WF = WF2(X0, DH)
            OutputResult(WF, DH, RD2.Text)
        ElseIf MethodInd = 3 Then
            WF = WF3(X0, DH)
            OutputResult(WF, DH, RD3.Text)
```

```
    ElseIf MethodInd = 4 Then
        ReDim A(10, 10)
        WF = WFW(A, N, X0, 0.1, DH)
        OutputRichardson(0.1, DH, N, A, RDW.Text)
    End If
End Sub
'2 点插值微分
Private Function WF2(X0 As Double, DH As Double)
    WF2 = (Func(X0 + DH) - Func(X0)) / DH
End Function
'3 点插值微分
Private Function WF3(X0 As Double, DH As Double)
    WF3 = (Func(X0 + DH) - Func(X0 - DH)) / (2 * DH)
End Function
'Richardson 外推法微分
Private Function WFW(ByRef A(, ) As Double, ByRef N As Integer, X0 As Double,
DH As Double, EE As Double)
    Dim XX As Double, I, J, DF, N1 As Integer
    N1 = UBound(A, 1): DF = 1
    A(0, 0) = WF3(X0, DH)
    For J = 1 To N1
        DF = 2 * DF: DH = DH / 2
        For I = 1 To J
            A(J, 0) = WF3(X0, DH)
            A(J, I) = A(J, I - 1) + (A(J, I - 1) - A(J - 1, I - 1)) / (4 ^ I - 1)
        Next
        If Abs(A(J, J) - A(J, J - 1)) < = EE Then Exit For
    Next
    N = J: WFW = A(N, N)
End Function
'输出计算结果子程序 OutputResult
Private Sub OutputResult(WF As Double, DH As Double, Method As String)
    Const EE = 100000000
    Memo.AppendText("微分算法：" + Method + vbCrLf)
    Memo.AppendText("微分步长：" + Str(DH) + vbCrLf)
    Memo.AppendText("微分值为：" + Str(Round(WF * EE) / EE) + vbCrLf)
    Memo.AppendText("==================" + vbCrLf)
End Sub
```

'输出外推法计算结果子程序 **OutputRichardson**
```
Private Sub OutputRichardson(H0 As Double, EE As Double, N As Integer, A(, ) As
Double, Method As String)
    Dim C, R As Integer, H As Double, S As String
    H = 2 * H0
    Memo.AppendText("微分算法：" + Method + vbCrLf)
    Memo.AppendText("计算精度：" + Str(EE) + vbCrLf)
    For R = 0 To N
      H = H / 2: S = Format(H, "0.000000")
      For C = 0 To R
        S = S + "    " + Str(Round(A(R, C) / EE) * EE)
      Next
      Memo.AppendText(S + vbCrLf)
    Next
    Memo.AppendText("微分值为：" + Str(Round(A(N, N) / EE) * EE) + vbCrLf)
    Memo.AppendText("=================" + vbCrLf)
End Sub
Private Sub RD2_Click(sender As Object, e As EventArgs) Handles RD2.Click
    Label2.Text = "微分步长："
    EdtH.Text = "0.001"
End Sub
Private Sub RD3_Click(sender As Object, e As EventArgs) Handles RD3.Click
    Label2.Text = "微分步长："
    EdtH.Text = "0.001"
End Sub
Private Sub RDW_Click(sender As Object, e As EventArgs) Handles RDW.Click
    Label2.Text = "计算精度："
    EdtH.Text = "0.000001"
End Sub
Private Sub BtnClear_Click(sender As Object, e As EventArgs) Handles BtnClear.Click
    Memo.Clear()
End Sub
End Class
```

8.7.3 算例及结果

求函数 $f(x) = x^2 e^{-x}$ 在 $x = 0.5$ 处的一阶导数。

分别采用 2 点插值多项式、3 点插值多项式和 Richardson 外推法进行了求解，求解结果如下：

2 点插值多项式：微分步长 0.001；微分值 0.45497348

3 点插值多项式：微分步长 0.001；微分值 0.45489767

外推法：计算精度 1E-8；微分值 0.45489799

程序运行图如图 8.13~图 8.15 所示。

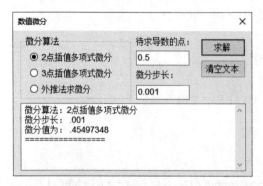

图 8.13　算例的 2 点插值多项式微分求解结果

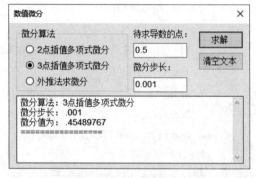

图 8.14　算例的 3 点插值多项式微分求解结果

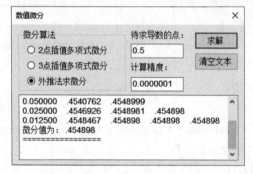

图 8.15　算例的外推法微分求解结果

上机实验题

1. 编写复化辛普森求积法的通用程序，并求积分 $\int_0^1 e^{-x}dx$，积分区间 10 等分。

2. 编写 Romberg 求积法的通用程序，并求积分 $\int_0^1 \frac{\sin x}{x}dx$，控制精度 10^{-6}。

3. 编写 Richardson 外推法求微分的通用程序，并求积分 $f(x)=\ln(1+x)$ 在 $x=1.5$ 处的一阶导数，控制精度 10^{-6}。

第 9 章 常微分方程数值解法

本章主要介绍常微分方程初值问题 $\dfrac{\mathrm{d}u}{\mathrm{d}t} = f(t,u), u(0) = u_0$ 的数值解法（其中 f 为关于 t 和 u 的已知函数，u_0 是给定的初始值），包括欧拉法、Runge-Kutta 法、线性二步法、Admas 外推法和 Admas 内插法几种常用数值解法。

9.1 欧拉法

9.1.1 算法原理与步骤

（1）Euler 求解格式。

将初值问题微分方程在区间 $[t_i, t_{i+1}]$ 上积分，可得

$$u(t_{i+1}) - u(t_i) = \int_{t_i}^{t_{i+1}} f(t,u)\mathrm{d}t$$

记 $u_{i+1} = u(t_{i+1})$，$u_i = u(t_i)$，若在区间 $[t_i, t_{i+1}]$ 上将 $f(t, u)$ 近似看作常数 $f(t_i, u_i)$，则有迭代格式

$$u_{i+1} = u_i + hf(t_i, u_i) \quad (i = 0, 1, 2, \cdots)$$

若 u_0 已知，则可根据上式依次求出 $u_1, u_2, \cdots$。

Euler 格式的算法步骤如下：

步骤 1：给定被积函数 $f(t, u)$，输入必要的初始数据 T_0、T、U_0 和 h。

步骤 2：计算 $N = (T-T_0)/h$。

对于 $k = 1, 2, \cdots, N$，执行步骤 3、步骤 4。

步骤 3：$T_k = T_{k-1}+h$。

步骤 4：迭代求解 $U_k = U_{k-1} + hf(T_{k-1}, U_{k-1})$。

Euler 格式是稳定的算法。步长 h 越小，计算结果与精确解越接近，但总的来说，Euler 格式的精度不高。

（2）改进的 Euler 格式（又称为梯形公式）。

改进的 Euler 格式为

$$u_{i+1} = u_i + \frac{h}{2}[f(t_i, u_i) + f(t_{i+1}, u_{i+1})] \quad (i = 0, 1, 2, \cdots)$$

此式只给出了 u_i 和 u_{i+1} 之间的关系，是隐式格式，在已知的条件下，需要通过迭代求解此方程，迭代初值由 Euler 格式求出；其迭代格式为

$$u_{i+1}^{(k+1)} = u_i + \frac{h}{2}[f(t_i, u_i) + f(t_{i+1}, u_{i+1}^{(k)})] \quad (i = 0, 1, 2, \cdots; \ k = 0, 1, 2, \cdots)$$

迭代初值为 $u_{i+1}^{(0)} = u_i + hf(t_i, u_i)$。

改进的 Euler 格式的算法步骤如下：

步骤 1：给定被积函数 $f(t, u)$，输入必要的初始数据 T_0、T、U_0 和 h。

步骤 2：计算 $N = (T - T_0)/h$。

对于 $k = 1, 2, \cdots, N$，执行步骤 3、步骤 4。

步骤 3：$T_k = T_{k-1} + h$。

步骤 4：迭代求解 $U_k = U_{k-1} + h[f(T_{k-1}, U_{k-1}) + f(T_k, U_k)]/2$。

（3）Euler 方法的预估-校正格式。

改进的 Euler 方法比较精确，但其每一步都要解方程，计算量较大。将改进的 Euler 方法只使用迭代公式一次，就作为改进的 Euler 格式解的近似值，计算量减小。其计算公式为

$$u_{i+1}^{(0)} = u_i + hf(t_i, u_i)$$

$$u_{i+1} = u_i + \frac{h}{2}[f(t_i, u_i) + f(t_{i+1}, u_{i+1}^{(0)})]$$

上面二式分别称为预估公式和校正公式，可写成如下形式：

$$\begin{cases} k_1 = f(t_i, u_i) \\ k_2 = f(t_{i+1}, u_i + hk_1) \\ u_{i+1} = u_i + h(k_1 + k_2)/2 \end{cases}$$

Euler 方法的预估-校正格式的算法步骤如下：

步骤 1：给定被积函数 $f(t, u)$，输入必要的初始数据 T_0、T、U_0 和 h。

步骤 2：计算 $N = (T - T_0)/h$。

对于 $k = 1, 2, \cdots, N$，执行步骤 3、步骤 4。

步骤 3：$T_k = T_{k-1} + h$。

步骤 4：计算 $k_1 = f(T_{k-1}, U_{k-1})$，$k_2 = f(T_k, U_{k-1} + hk_1)$，$U_k = U_{k-1} + h(k_1 + k_2)/2$。

9.1.2　算法实现程序

常微分方程欧拉法程序界面如图 9.1 所示。

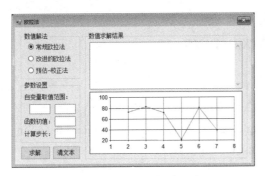

图 9.1 常微分方程欧拉法程序界面

程序实现的主要代码如下：

```
Imports System.Math
Public Class frmMain
    Dim MethodInd As Integer, X() As Single, Y() As Single, H As Single, N As Long
    '一阶常微分方程 du/dt 的表达式 F
    Private Function F(AX As Single, AY As Single)
        F = AY - 2 * AX / AY
    End Function
    '一阶常微分方程 du/dt 的精确解表达式(如果有)
    Private Function RealY(AX As Single)
        RealY = Sqrt(1 + 2 * AX)
    End Function
    '获得精确解
    Private Sub GetU()
        Dim I As Long
        For I = 1 To N
            U(I) = RealY(X(I))
        Next
    End Sub
    '常规 Euler 算法子程序 Euler0
    Private Sub Euler0()
        Dim I As Long
        For I = 1 To N
            Y(I) = Y(I - 1) + H * F(X(I - 1), Y(I - 1))
        Next
    End Sub
    '改进的 Euler 算法子程序 Euler1
    Private Sub Euler1()
        Dim I As Long
```

```vb
    For I = 1 To N
        Y(I) = GetY(X(I - 1), Y(I - 1))
    Next
End Sub
Private Function GetY(X0 As Single, Y0 As Single)
    Dim U0 As Single, X1 As Single, U1 As Single, F0 As Single, I As Long
    F0 = F(X0, Y0): U0 = Y0 + H * F0: X1 = X0 + H
    For I = 1 To 300
        U1 = Y0 + H * (F0 + F(X1, U0)) / 2
        If Abs(U1 - U0) < 0.000001 Then Exit For
        U0 = U1
    Next
    GetY = U1
End Function
'Euler 预估-校正法子程序 Euler2
Private Sub Euler2()
    Dim I As Long, K1 As Single, K2 As Single
    For I = 1 To N
        K1 = F(X(I - 1), Y(I - 1)): K2 = F(X(I), Y(I - 1) + H * K1)
        Y(I) = Y(I - 1) + H * (K1 + K2) / 2
    Next
End Sub
'绘制数值解曲线子程序 DrawCurve
Private Sub DrawCurve()
    Dim I As Long
    Chart.Series(0).Points.Clear()
    For I = 0 To N
        Chart.Series(0).Points.AddXY(X(I), Y(I))
    Next
End Sub
'输出数值解子程序 OutputResult
Private Sub OutputResult()
    Dim I As Long, S As String
    Memo.AppendText("XY 精确 Y 误差" + vbCrLf)
    For I = 0 To N
        S = Format(X(I), "0.00000") + "    " + Format(Y(I), "0.000000")
        S = S + "    " + Format(U(I), "0.000000") + "    " + Format(Y(I) - U(I), "0.000000")
        Memo.AppendText(S + vbCrLf)
```

```
        Next
    End Sub
    '提取参数子程序 GetParameters
    Private Sub GetParameters()
        Dim T0 As Single, T1 As Single, I As Long
        If Changgui.Checked Then
            MethodInd = 1
        ElseIf Gaijin.Checked Then
            MethodInd = 2
        ElseIf Yugujiaozheng.Checked Then
            MethodInd = 3
        End If
        H = Val(EdtH.Text): T0 = Val(EdtT0.Text)
        T1 = Val(EdtT1.Text): N = Round((T1 - T0) / H)
        ReDim X(N + 1), Y(N + 1), U(N + 1)
        X(0) = T0: Y(0) = Val(EdtU0.Text)
        For I = 1 To N
            X(I) = X(I - 1) + H
        Next
    End Sub
    '按钮 BtnCompute 的 Click 事件
    Private Sub BtnCompute_Click(sender As Object, e As EventArgs) Handles BtnCompute.
Click
        Call GetParameters()
        If MethodInd = 1 Then
            Euler0()
        ElseIf MethodInd = 2 Then
            Euler1()
        Else
            Euler2()
        End If
        Call GetU()
        Call OutputResult()
        Call DrawCurve()
    End Sub
End Class
```

9.1.3　算例及结果

用欧拉法解常微分方程 $\begin{cases} \mathrm{d}u/\mathrm{d}t = u - 2t/u, t \in [0,2] \\ u(0) = 1 \end{cases}$ ，该方程精确解为 $u = \sqrt{1+2t}$ 。

参数输入及数值解结果如图 9.2 所示。第 1 列为自变量取值，第 2 列为数值解，第 3 列为解析解，第 4 列为数值解相对于解析解的差值。

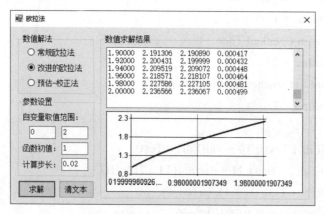

图 9.2　算例的欧拉法数值解结果

9.2　Runge-Kutta 方法

Runge-Kutta(龙格-库塔)方法是一种在工程上应用广泛的高精度单步算法。各阶 Runge-Kutta 算法都是由一个合适的泰勒方法推导得到的，使得其最终全局误差为 $O(h^N)$。此算法采取了措施对误差进行抑制，所以此算法精度高。

9.2.1　算法原理与步骤

一般地，m 阶显式 Runge-Kutta 方法的计算公式为

$$\begin{cases} u_{i+1} = u_i + h\sum_{l=1}^{m} c_l k_l \\ k_1 = f(t_i, u_i) \\ k_l = f(t_i + hp_l, u_i + h\sum_{j=1}^{l-1} a_{ij}k_j) \quad (l = 2,3,\cdots,m) \end{cases}$$

当 $m = 2$ 时，取 $c_1 = 0$，$c_2 = 1$，$p_2 = a_{21} = 1/2$，得二阶 Runge-Kutta 格式：

$$\begin{cases} k_1 = f(t_i, u_i) \\ k_2 = f(t_i + h/2, u_i + hk_1/2) \\ u_{i+1} = u_i + hk_2 \end{cases}$$

当 $m = 3$ 时，取 $c_1 = c_3 = 1/6$，$c_2 = 2/3$，$p_2 = 1/2$，$p_3 = 1$，$a_{31} = -1$，$a_{32} = 2$，得三阶 Runge-Kutta 格式：

$$\begin{cases} k_1 = f(t_i, u_i) \\ k_2 = f(t_i + h/2, u_i + hk_1/2) \\ k_3 = f(t_i + h, u_i - hk_1 + 2hk_2) \\ u_{i+1} = u_i + h(k_1 + 4k_2 + k_3)/6 \end{cases}$$

实际应用中，最常见的是四阶 Runge-Kutta 公式，其格式为

$$\begin{cases} k_1 = f(t_i, u_i) \\ k_2 = f(t_i + h/2, u_i + hk_1/2) \\ k_3 = f(t_i + h/2, u_i + hk_2/2) \\ k_4 = f(t_i + h, u_i + hk_3) \\ u_{i+1} = u_i + h(k_1 + 2k_2 + 2k_3 + k_4)/6 \end{cases}$$

四阶 Runge-Kutta 方法的算法步骤如下：

步骤 1：给定被积函数 $f(t, u)$，输入必要的初始数据 T_0、T、U_0 和 h。

步骤 2：计算 $N = (T - T_0)/h$。

对于 $k = 1, 2, \cdots, N$，执行步骤 3、步骤 4。

步骤 3：$T_{k-1} = T_0 + (k-1)h$，$T_k = T_{k-1} + h$。

步骤 4：计算 $k_1 = f(T_{k-1}, U_{k-1})$，$k_2 = f(T_{k-1} + h/2, U_{k-1} + hk_1/2)$，$k_3 = f(T_{k-1} + h/2, U_{k-1} + hk_2/2)$，$k_4 = f(T_k, U_{k-1} + hk_3)$，$U_k = U_{k-1} + h(k_1 + 2k_2 + 2k_3 + k_4)/6$。

参照此流程，可写出二阶 Runge-Kutta 格式、三阶 Runge-Kutta 格式的算法步骤。

9.2.2　算法实现程序

常微分方程 Runge-Kutta 方法程序界面如图 9.3 所示。

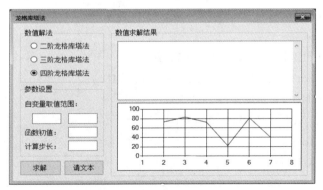

图 9.3　常微分方程 Runge-Kutta 方法程序界面

程序实现的主要代码如下：

```
Imports System.Math
Public Class FrmMain
```

```vb
     Dim MethodInd As Integer, X() As Single, Y() As Single, U() As Single, H As Single,
N As Long
     '按钮 BtnCompute 的 Click 事件
     Private Sub BtnCompute_Click(sender As Object, e As EventArgs) Handles BtnCompute.
Click
          Call GetParameters()
          If MethodInd = 1 Then
               R_K2()
          ElseIf MethodInd = 2 Then
               R_K3()
          Else
               R_K4()
          End If
          Call GetU()
          Call OutputResult()
          Call DrawCurve()
     End Sub
     '提取参数子程序 GetParameters
     Private Sub GetParameters()
          Dim T0 As Single, T1 As Single, I As Long
          If Changgui.Checked Then
               MethodInd = 1
          ElseIf Gaijin.Checked Then
               MethodInd = 2
          ElseIf Yugujiaozheng.Checked Then
               MethodInd = 3
          End If
          H = Val(EdtH.Text): T0 = Val(EdtT0.Text)
          T1 = Val(EdtT1.Text): N = Round((T1 - T0) / H)
          ReDim X(N + 1), Y(N + 1)
          X(0) = T0: Y(0) = Val(EdtU0.Text)
          For I = 1 To N
               X(I) = X(I - 1) + H
          Next
     End Sub
     '标准 2 阶 Runge-Kutta 方法
     Private Sub R_K2()
          Dim I As Long, K1 As Single, K2 As Single
```

```
      For I = 1 To N
         K1 = F(X(I - 1), Y(I - 1))
         K2 = F(X(I - 1) + H / 2, Y(I - 1) + II * K1 / 2)
         Y(I) = Y(I - 1) + H * K2
      Next
   End Sub
```

'标准 3 阶 **Runge-Kutta** 方法

```
Private Sub R_K3()
   Dim I As Long, K1 As Single, K2 As Single, K3 As Single
   For I = 1 To N
      K1 = F(X(I - 1), Y(I - 1))
      K2 = F(X(I - 1) + H / 2, Y(I - 1) + H * K1 / 2)
      K3 = F(X(I - 1) + H, Y(I - 1) - H * K1 + 2 * H * K2)
      Y(I) = Y(I - 1) + H * (K1 + 4 * K2 + K3) / 6
   Next
End Sub
```

'标准 4 阶 **Runge-Kutta** 方法

```
Private Sub R_K4()
   Dim I As Long, K1 As Single, K2 As Single, K3 As Single, K4 As Single
   For I = 1 To N
      K1 = F(X(I - 1), Y(I - 1))
      K2 = F(X(I - 1) + H / 2, Y(I - 1) + H * K1 / 2)
      K3 = F(X(I - 1) + H / 2, Y(I - 1) + H * K2 / 2)
      K4 = F(X(I - 1) + H, Y(I - 1) + H * K3)
      Y(I) = Y(I - 1) + H * (K1 + 2 * K2 + 2 * K3 + K4) / 6
   Next
   End Sub
End Class
```

一阶常微分方程 du/dt 的表达式 **F**、一阶常微分方程的精确解表达式 **RealY**、按钮 BtnClear 的 **Click** 事件代码、输出数值解子程序 **OutputResult**、绘制数值解曲线子程序 **DrawCurve**、获得精确解的子程序 **GetU**，参看"9.1 欧拉法"。

9.2.3 算例及结果

用 Runge-Kutta 法解常微分方程 $\begin{cases} du/dt = u - 2t/u, t \in [0,2] \\ u(0) = 1 \end{cases}$，该方程精确解为 $u = \sqrt{1+2t}$。

参数输入及数值解结果如图 9.4 所示。第 1 列为自变量取值，第 2 列为数值解，第 3 列为解析解，第 4 列为数值解相对于解析解的差值。

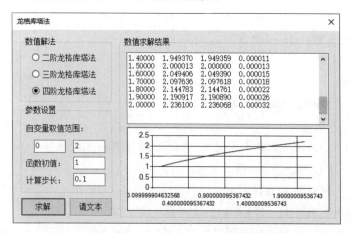

图 9.4　算例的三阶 Runge-Kutta 方法数值解结果

9.3　线性二步方法

9.3.1　算法原理与步骤

借助于幂级数展开式并使用待定系数法，可推导出一些多步算法。所谓线性二步法，即求 u_{k+2} 时，用到 u_{k+1}，u_k 的值。中点公式和 Milne 格式是较为常用的两种线性二步算法。

（1）中点公式。

$$u_1 = u_0 + h \cdot f(t_0, u_0)\ ,\quad u_{k+2} = u_k + 2h \cdot f(t_{k+1}, u_{k+1})$$

中点公式的算法步骤如下：

步骤 1：给定被积函数 $f(t, u)$，输入必要的初始数据 T_0、T、U_0 和 h。

步骤 2：计算 $N = (T - T_0)/h$，$U_1 = U_0 + h \cdot f(T_0, U_0)$。

对于 $k = 2, 3, \cdots, N$，执行步骤 3、步骤 4。

步骤 3：$T_{k-1} = T_0 + (k-1)h$。

步骤 4：计算 $U_k = U_{k-2} + 2h \cdot f(T_{k-1}, U_{k-1})$。

（2）Milne（米尔恩）格式。

$$u_1 = u_0 + h \cdot f(t_0, u_0)\ ,\quad u_{k+2} = u_k + \frac{h}{3} \cdot \left[f(t_{k+2}, u_{k+2}) + 4f(t_{k+1}, u_{k+1}) + f(t_k, u_k) \right]$$

Milne 格式是隐式格式，可采用"9.1 欧拉法"中"改进的 Euler 格式方法"迭代求解。

Milne 格式的算法步骤如下：

步骤 1：给定被积函数 $f(t, u)$，输入必要的初始数据 T_0、T、U_0 和 h。

步骤 2：计算 $N = (T - T_0)/h$，$U_1 = U_0 + h \cdot f(T_0, U_0)$。

对于 $k = 2, 3, \cdots, N$，执行步骤 3、步骤 4。

步骤 3： $T_{k-2} = T_0 + (k-2)h$ ， $T_{k-1} = T_{k-2} + h$ ， $T_k = T_{k-1} + h$ 。

步骤 4：迭代求解 $U_k = U_{k-2} + h[f(T_k, U_k) + 4f(T_{k-1}, U_{k-1}) + f(T_{k-2}, U_{k-2})]/3$ 。

9.3.2　算法实现程序

常微分方程线性二步方法程序界面如图 9.5 所示。

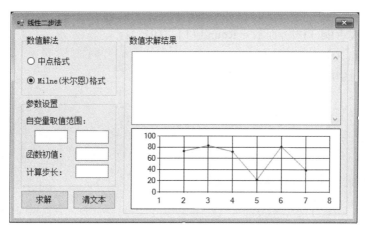

图 9.5　常微分方程线性二步方法程序界面

程序实现的主要代码如下：

```
Imports System.Math
Public Class frmMain
    Dim MethodInd As Integer, X() As Single, Y() As Single, U() As Single, H As Single,
N As Long
    '按钮 BtnCompute 的 Click 事件
    Private Sub BtnCompute_Click(sender As Object, e As EventArgs) Handles BtnCompute.
Click
        Call GetParameters()
        If MethodInd = 1 Then
            MidPoint()
        ElseIf MethodInd = 2 Then
            Milne()
        End If
        Call GetU()
        Call OutputResult()
        Call DrawCurve()
    End Sub
    '提取参数子程序 GetParameters
    Private Sub GetParameters()
```

```
    Dim T0 As Single, T1 As Single, I As Long
    If MiddlePoint.Checked Then
        MethodInd = 1
    ElseIf MilneMethod.Checked Then
        MethodInd = 2
    End If
    H = Val(EdtH.Text): T0 = Val(EdtT0.Text)
    T1 = Val(EdtT1.Text): N = Round((T1 - T0) / H)
    ReDim X(N + 1), Y(N + 1), U(N+1)
    X(0) = T0: Y(0) = Val(EdtU0.Text)
    For I = 1 To N
        X(I) = X(I - 1) + H
    Next
End Sub
'中点格式算法子程序 MidPoint
Private Sub MidPoint()
    Dim I As Long
    Y(1) = Y(0) + H * F(X(0), Y(0))
    For I = 2 To N
        Y(I) = Y(I - 2) + 2 * H * F(X(I - 1), Y(I - 1))
    Next
End Sub
'Milne 格式算法子程序 Milne
Private Sub Milne()
    Dim I As Long
    Y(1) = Y(0) + H * F(X(0), Y(0))
    For I = 2 To N
        Y(I) = GetU(I)
    Next
End Sub
Private Function GetY(IDD As Long)
    Dim F0 As Single, F1 As Single, U20 As Single, U21 As Single, I As Long
    F0 = F(X(IDD - 2), Y(IDD - 2)): F1 = F(X(IDD - 1), Y(IDD - 1))
    U20 = Y(IDD - 1) + H * F1
    For I = 1 To 300
        U21 = Y(IDD - 2) + H * (F0 + 4 * F1 + F(X(IDD), U20)) / 3
        If Abs(U21 - U20) < 0.000001 Then Exit For
        U20 = U21
```

```
        Next
        GetY = U21
    End Function
End Class
```

一阶常微分方程 du/dt 的表达式 **F**、一阶常微分方程的精确解表达式 **RealY**、按钮 **BtnClear** 的 **Click** 事件代码、输出数值解子程序 **OutputResult**、绘制数值解曲线子程序 **DrawCurve**、获得精确解的子程序 **GetU**，参看"9.1 欧拉法"。

9.3.3　算例及结果

用线性二步方法解常微分方程 $\begin{cases} du/dt = u - 2t/u, t \in [0,2] \\ u(0) = 1 \end{cases}$，该方程精确解为 $u = \sqrt{1+2t}$。

参数输入及数值解结果如图 9.6 所示。第 1 列为自变量取值，第 2 列为数值解，第 3 列为解析解，第 4 列为数值解相对于解析解的差值。

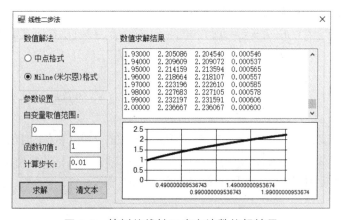

图 9.6　算例的线性二步方法数值解结果

9.4　Adams 外推法

Adams 外推法是一种线性多步法，即已知 $u_{i-k}, \cdots, u_{i-1}, u_i$，求 $u(t)$ 在 $t_{i+1} = t_0 + (i+1)h$ 处的近似值。

9.4.1　算法原理与步骤

Adams 外推公式为

$$u_{i+1} = u_i + h\sum_{j=0}^{k} A_j f_{i-j}$$

其局部截断误差的阶为 $O(h^{k+2})$，$k+1$ 表示插值时数据节点的个数。

根据 k，有 Adams 外推公式：

k	u_{i+1}	$R_k^{[i]}$
0	$u_{i+1} = u_i + hf_i$	$h^2 u^{(2)}(\eta)/2$
1	$u_{i+1} = u_i + h(3f_i - f_{i-1})/2$	$5h^3 u^{(3)}(\eta)/12$
2	$u_{i+1} = u_i + h(23f_i - 16f_{i-1} + 5f_{i-2})/12$	$3h^4 u^{(4)}(\eta)/8$
3	$u_{i+1} = u_i + h(55f_i - 59f_{i-1} + 37f_{i-2} - 9f_{i-3})/24$	$251h^5 u^{(5)}(\eta)/720$

其中：$f_i = f(t_i, u_i)$；$R_k^{[i]}$ 为余项。

$k = 2$ 时，Adams 外推法的算法步骤如下：

步骤 1：给定被积函数 $f(t, u)$，输入必要的初始数据 T_0、T、U_0 和 h。

步骤 2：$N = (T - T_0)/h$，$T_1 = T_0 + h$，$U_1 = U_0 + hf(T_0, U_0)$，$U_2 = U_1 + h[3f(T_1, U_1) - f(T_0, U_0)]/2$。对于 $i = 3, 4, \cdots, N$，执行步骤 3。

步骤 3：计算 $T_{i-1} = T_{i-2} + h$，$U_i = U_{i-1} + h[23f(T_{i-1}, U_{i-1}) - 16f(T_{i-2}, U_{i-2}) + 5f(T_{i-3}, U_{i-3})]/12$。

$k = 3$ 时，Adams 外推法的算法步骤如下：

步骤 1：给定被积函数 $f(t, u)$，输入必要的初始数据 T_0、T、U_0 和 h。

步骤 2：$N = (T - T_0)/h$，$T_1 = T_0 + h$，$T_2 = T_1 + h$，$U_1 = U_0 + hf(T_0, U_0)$，$U_2 = U_1 + h[3f(T_1, U_1) - f(T_0, U_0)]/2$，$U_3 = U_2 + h[23f(T_2, U_2) - 16f(T_1, U_1) + 5f(T_0, U_0)]/12$。

对于 $i = 4, 5, \cdots, N$，执行步骤 3。

步骤 3：计算 $T_{i-1} = T_{i-2} + h$，$U_i = U_{i-1} + h[55f(T_{i-1}, U_{i-1}) - 59f(T_{i-2}, U_{i-2}) + 37f(T_{i-3}, U_{i-3}) - 9f(T_{i-4}, U_{i-4})]/24$。

可以看到，当取 $k = 2$ 时，需要首先计算 $k = 0$ 时的 U_1 和 $k = 1$ 时的 U_2；当取 $k = 3$ 时，需要首先计算 $k = 0$ 时的 U_1、$k = 1$ 时的 U_2 和 $k = 2$ 时的 U_3；以此类推，参照此流程，可自行写出 $k = 0$ 时和 $k = 1$ 时 Adams 外推法的算法步骤。

9.4.2 算法实现程序

常微分方程 Admas 外推法程序界面如图 9.7 所示。

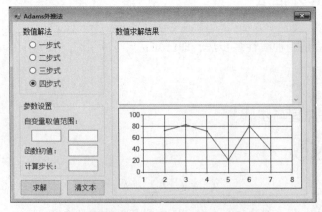

图 9.7 常微分方程 Admas 外推法程序界面

程序实现的主要代码如下：

```
Imports System.Math
Public Class frmMain
    Dim MethodInd As Integer, X() As Single, Y() As Single, U() As Single, H As Single,
N As Long
    '一阶常微分方程 du/dt 的表达式 F
    Private Function F(AX As Single, AY As Single)
        F = AY - 2 * AX / AY
    End Function
    '一阶常微分方程 du/dt 的精确解表达式(如果有)
    Private Function RealY(AX As Single)
        RealY = Sqrt(1 + 2 * AX)
    End Function
    '按钮 BtnCompute 的 Click 事件
    Private Sub BtnCompute_Click(sender As Object, e As EventArgs) Handles BtnCompute.
Click
        Call GetParameters()
        Call AdmasEx()
        Call GetU()
        Call OutputResult()
        Call DrawCurve()
    End Sub
    '提取参数子程序 GetParameters
    Private Sub GetParameters()
        Dim T0 As Single, T1 As Single, I As Long
        If OneStep.Checked Then
            MethodInd = 1
        ElseIf twostep.Checked Then
            MethodInd = 2
        ElseIf Threestep.Checked Then
            MethodInd = 3
        ElseIf Fourstep.Checked Then
            MethodInd = 4
        End If
        H = Val(EdtH.Text): T0 = Val(EdtT0.Text)
        T1 = Val(EdtT1.Text): N = Round((T1 - T0) / H)
        ReDim X(N + 1), Y(N + 1) , U(N + 1)
        X(0) = T0: Y(0) = Val(EdtU0.Text)
```

```
        For I = 1 To N
            X(I) = X(I - 1) + H
        Next
    End Sub
    'Adams 外推法子程序 AdamsEx
    Private Sub AdmasEx()
        Dim I As Long
        If MethodInd = 1 Then
        For I = 1 To N
            Y(I) = Y(I - 1) + H * F(X(I - 1), Y(I - 1))
        Next
        ElseIf MethodInd = 2 Then
            Y(1) = Y(0) + H * F(X(0), Y(0))
            For I = 2 To N
                Y(I) = Y(I - 1) + H * (3 * F(X(I - 1), Y(I - 1)) - F(X(I - 2), Y(I - 2))) / 2
            Next
        ElseIf MethodInd = 3 Then
            Y(1) = Y(0) + H * F(X(0), Y(0))
            Y(2) = Y(1) + H * (3 * F(X(1), Y(1)) - F(X(0), Y(0))) / 2
            For I = 3 To N
                Y(I) = 23 * F(X(I - 1), Y(I - 1)) - 16 * F(X(I - 2), Y(I - 2))
                Y(I) = Y(I - 1) + H * (Y(I) + 5 * F(X(I - 3), Y(I - 3))) / 12
            Next
        ElseIf MethodInd = 4 Then
            Y(1) = Y(0) + H * F(X(0), Y(0))
            Y(2) = Y(1) + H * (3 * F(X(1), Y(1)) - F(X(0), Y(0))) / 2
            Y(3) = Y(2) + H * (23 * F(X(2), Y(2)) - 16 * F(X(1), Y(1)) + 5 * F(X(0), Y(0))) / 12
            For I = 4 To N
                Y(I) = 55 * F(X(I - 1), Y(I - 1)) - 59 * F(X(I - 2), Y(I - 2))
                Y(I) = Y(I) + 37 * F(X(I - 3), Y(I - 3)) - 9 * F(X(I - 4), Y(I - 4))
                Y(I) = Y(I - 1) + H * Y(I) / 24
            Next
        End If
    End Sub
End Class
```

一阶常微分方程 du/dt 的表达式 **F**、一阶常微分方程的精确解表达式 **RealY**、按钮 **BtnClear** 的 **Click** 事件代码、输出数值解子程序 **OutputResult**、绘制数值解曲线子程序 **DrawCurve**、获得精确解的子程序 **GetU**，参看 "9.1 欧拉法"。

9.4.3 算例及结果

用 Admas 外推法解常微分方程 $\begin{cases} du/dt = u - 2t/u, t \in [0,2] \\ u(0) = 1 \end{cases}$，该方程精确解为 $u = \sqrt{1+2t}$。

参数输入及数值解结果如图 9.8 所示。第 1 列为自变量取值，第 2 列为数值解，第 3 列为解析解，第 4 列为数值解相对于解析解的差值。

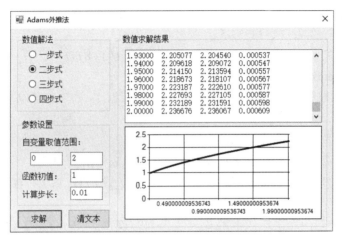

图 9.8　算例的 Admas 外推法数值解结果

9.5　Adams 内插法

Adams 内插法是一种线性多步法，即已知 $k+1$ 个数据点 (t_{i-k+1}, f_{i-k+1})，(t_{i-k+2}, f_{i-k+2})，…，(t_i, f_i)，(t_{i+1}, f_{i+1})，求 $u(t)$ 在 $t_{i+1} = t_0 + (i+1)h$ 处的近似值。

9.5.1 算法原理与步骤

Adams 内插公式为

$$u_{i+1} = u_i + h \sum_{j=0}^{k} B_j f_{i-j+1}$$

其局部截断误差的阶为 $O(h^{k+2})$，$k+1$ 表示插值时数据节点的个数。

根据 k，有 Adams 内插公式：

k	u_{i+1}	$R_k^{[i]}$
0	$u_{i+1} = u_i + hf_{i+1}$	$-h^2 u^{(2)}(\eta)/2$
1	$u_{i+1} = u_i + h(f_{i+1} + f_i)/2$	$-h^3 u^{(3)}(\eta)/12$
2	$u_{i+1} = u_i + h(5f_{i+1} + 8f_i - f_{i-1})/12$	$-h^4 u^{(4)}(\eta)/24$
3	$u_{i+1} = u_i + h(9f_{i+1} + 19f_i - 5f_{i-1} + f_{i-2})/24$	$-191h^5 u^{(5)}(\eta)/720$

其中：$f_i = f(t_i, u_i)$；$R_k^{[i]}$ 为余项。

内插法是隐式格式，需要采用迭代法求 u_{i+1}，计算量较外推法大。

$k = 2$ 时，Adams 内插法的算法步骤如下：

步骤 1：给定被积函数 $f(t, u)$，输入必要的初始数据 T_0、T、U_0 和 h。

步骤 2：计算 $N = (T - T_0)/h$。

步骤 3：$T_1 = T_0 + h$，迭代求解 $U_1 = U_0 + hf(T_1, U_1)$。

步骤 4：$T_2 = T_1 + h$，迭代求解 $U_2 = U_1 + h[f(T_2, U_2) + f(T_1, U_1)]/2$。

对于 $i = 3, 4, \cdots, N$，执行步骤 5。

步骤 5：$T_i = T_{i-1} + h$，迭代求解 $U_i = U_{i-1} + h[5f(T_i, U_i) + 8f(T_{i-1}, U_{i-1}) - f(T_{i-2}, U_{i-2})]/12$。

$k = 3$ 时，Adams 内插法的算法步骤如下：

步骤 1：给定被积函数 $f(t, u)$，输入必要的初始数据 T_0、T、U_0 和 h。

步骤 2：计算 $N = (T - T_0)/h$。

步骤 3：$T_1 = T_0 + h$，迭代求解 $U_1 = U_0 + hf(T_1, U_1)$。

步骤 4：$T_2 = T_1 + h$，迭代求解 $U_2 = U_1 + h[f(T_2, U_2) + f(T_1, U_1)]/2$。

步骤 5：$T_3 = T_2 + h$，迭代求解 $U_3 = U_2 + h[5f(T_3, U_3) + 8f(T_2, U_2) - f(T_1, U_1)]/12$。

对于 $i = 4, 5, \cdots, N$，执行步骤 6。

步骤 6：$T_i = T_{i-1} + h$，迭代求解 $U_i = U_{i-1} + h[9f(T_i, U_i) + 19f(T_{i-1}, U_{i-1}) - 5f(T_{i-2}, U_{i-2}) + f(T_{i-3}, U_{i-3})]/24$。

可以看到，当取 $k = 2$ 时，需要首先迭代求解 $k = 0$ 时的 U_1 和 $k = 1$ 时的 U_2；当取 $k = 3$ 时，需要首先迭代求解 $k = 0$ 时的 U_1、$k = 1$ 时的 U_2 和 $k = 2$ 时的 U_3；以此类推，参照此流程，可自行写出 $k = 0$ 时和 $k = 1$ 时 Adams 内插法的算法步骤。

9.5.2 算法实现程序

常微分方程 Admas 内插法程序界面如图 9.9 所示。

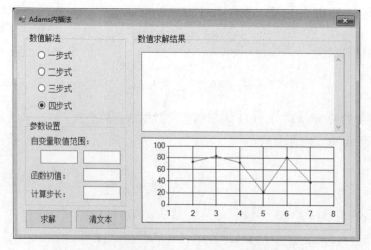

图 9.9 常微分方程 Admas 内插法程序界面

程序实现的主要代码如下：

```vb
Imports System.Math
Public Class frmMain
    Dim MethodInd As Integer, X() As Single, Y() As Single, H As Single, N As Long
    '按钮 BtnCompute 的 Click 事件
    Private Sub BtnCompute_Click(sender As Object, e As EventArgs) Handles BtnCompute.
Click
        Call GetParameters()
        Call AdamsIn()
        Call GetU()
        Call OutputResult()
        Call DrawCurve()
    End Sub
    '提取参数子程序 GetParameters
    Private Sub GetParameters()
        Dim T0 As Single, T1 As Single, I As Long
        If OneStep.Checked Then
            MethodInd = 1
        ElseIf TwoStep.Checked Then
            MethodInd = 2
        ElseIf ThreeStep.Checked Then
            MethodInd = 3
        ElseIf FourStep.Checked Then
            MethodInd = 4
        End If
        H = Val(EdtH.Text): T0 = Val(EdtT0.Text)
        T1 = Val(EdtT1.Text): N = Round((T1 - T0) / H)
        ReDim X(N + 1), Y(N + 1)
        X(0) = T0: Y(0) = Val(EdtU0.Text)
        For I = 1 To N
            X(I) = X(I - 1) + H
        Next
    End Sub
    'Adams 内插法子程序 AdamsIn
    Private Sub AdamsIn()
        Dim I As Long
        If MethodInd = 1 Then
            For I = 1 To N
```

```
            Y(I) = GetU1(I)
        Next
    ElseIf MethodInd = 2 Then
        Y(1) = GetU1(1)
        For I = 2 To N
            Y(I) = GetU2(I)
        Next
    ElseIf MethodInd = 3 Then
        Y(1) = GetU1(1): Y(2) = GetU2(2)
        For I = 3 To N
            Y(I) = GetU3(I)
        Next
    ElseIf MethodInd = 4 Then
        Y(1) = GetU1(1): Y(2) = GetU2(2): Y(3) = GetU3(3)
        For I = 4 To N
            Y(I) = GetU4(I)
        Next
    End If
End Sub
'一步式迭代求解子程序 GetU1
Private Function GetU1(IDD As Long)
    Dim F0 As Single, U20 As Single, U21 As Single, I As Long
    F0 = F(X(IDD - 1), Y(IDD - 1)): U20 = Y(IDD - 1) + H * F0
    For I = 1 To 300
        U21 = Y(IDD - 1) + H * F(X(IDD), U20)
        If Abs(U21 - U20) < 0.000001 Then Exit For
        U20 = U21
    Next
    GetU1 = U21
End Function
'二步式迭代求解子程序 GetU2
Private Function GetU2(IDD As Long)
    Dim F0 As Single, U20 As Single, U21 As Single, I As Long
    F0 = F(X(IDD - 1), Y(IDD - 1)): U20 = Y(IDD - 1) + H * F0
    For I = 1 To 300
        U21 = Y(IDD - 1) + H * (F0 + F(X(IDD), U20)) / 2
        If Abs(U21 - U20) < 0.000001 Then Exit For
        U20 = U21
```

```
        Next
            GetU2 = U21
    End Function
    '三步式迭代求解子程序 GetU3
    Private Function GetU3(IDD As Long)
        Dim F0 As Single, F1 As Single, U20 As Single, U21 As Single, I As Long
        F0 = F(X(IDD - 2), Y(IDD - 2)): F1 = F(X(IDD - 1), Y(IDD - 1))
        U20 = Y(IDD - 1) + H * F1
        For I = 1 To 300
            U21 = Y(IDD - 1) + H * (8 * F1 - F0 + 5 * F(X(IDD), U20)) / 12
            If Abs(U21 - U20) < 0.000001 Then Exit For
            U20 = U21
        Next
            GetU3 = U21
    End Function
    '四步式迭代求解子程序 GetU4
    Private Function GetU4(IDD As Long)
        Dim F0 As Single, F1 As Single, F2 As Single, U20 As Single, U21 As Single, I As Long
        F0 = F(X(IDD - 3), Y(IDD - 3)): F1 = F(X(IDD - 2), Y(IDD - 2))
        F2 = F(X(IDD - 1), Y(IDD - 1)): U20 = Y(IDD - 1) + H * F2
        For I = 1 To 300
            U21 = Y(IDD - 1) + H * (9 * F(X(IDD), U20) + 19 * F2 - 5 * F1 + F0) / 24
            If Abs(U21 - U20) < 0.000001 Then Exit For
            U20 = U21
        Next
            GetU4 = U21
    End Function
End Class
```

一阶常微分方程 du/dt 的表达式 **F**、一阶常微分方程的精确解表达式 **RealY**、按钮 **BtnClear** 的 **Click** 事件代码、输出数值解子程序 **OutputResult**、绘制数值解曲线子程序 **DrawCurve**、获得精确解的子程序 **GetU**，参看 "9.1 欧拉法"。

9.5.3　算例及结果

用 Admas 内插法解常微分方程 $\begin{cases} \mathrm{d}u/\mathrm{d}t = u - 2t/u, t \in [0,2] \\ u(0) = 1 \end{cases}$，该方程精确解为 $u = \sqrt{1 + 2t}$。

参数输入及数值解结果如图 9.10 所示。第 1 列为自变量取值，第 2 列为数值解，第 3 列为解析解，第 4 列为数值解相对于解析解的差值。

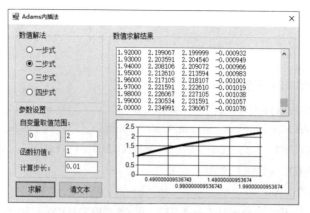

图 9.10　算例的 Admas 内插法数值解结果

上机实验题

1. 编写 Euler 预估-校正程序，并求解初值问题：$du/dt = tu^{1/3}$，$u(1)=1$，分别取步长 $h=0.1$，0.05，0.01，0.001，将 $t \in [1,3]$ 的计算结果绘制成图形（解曲线），并与精确解 $u(t) = [(t^2+2)/3]^{3/2}$ 比较。

2. 分别编写二阶、三阶、四阶 Runge-Kutta 格式的通用程序，用于求解上题的初值问题，并与精确解比较，步长 $h=0.2, 0.1, 0.05$。

3. 编写四阶 Runge-Kutta 格式的通用程序，并求解初值问题：$du/dt = 3u/(1+t)$，$u(0)=1$，分别取步长 $h=0.2, 0.1, 0.05$，计算数值解。

参考文献

[1] 朱长青. 数值计算方法及其应用[M]. 北京：科学出版社, 2018.

[2] 鲁祖亮, 曹龙舟, 等. 数值计算方法与 Matlab 程序设计[M]. 成都：西南交通大学出版社, 2017.

[3] 雷金贵, 等. 数值分析与计算方法[M]. 第 2 版. 北京：科学出版社，2017.

[4] 马东升, 董宁. 数值计算方法[M]. 第 3 版. 北京：机械工业出版社，2017.

[5] 张韵华, 等. 数值计算方法与算法[M]. 北京：科学出版社，2016.

[6] 刘春凤. 数值计算方法[M]. 北京：高等教育出版社，2016.

[7] 涂俐兰, 李德宜. 数值计算方法[M]. 北京：科学出版社，2016.

[8] 马东升, 董宁. 数值计算方法[M]. 北京：机械工业出版社，2015.

[9] 刘华蓥. 计算方法及程序实现[M]. 北京：科学出版社，2015.

[10] 张卫国, 等. 数值计算方法[M]. 西安：西安电子科技大学出版社，2014.

[11] 喻文健. 数值分析与算法[M]. 北京：清华大学出版社，2012.

[12] 杨超. 一种公路隧道中间段拱顶侧偏布灯参数优化方法[P]. 中国：ZL201710159421. 2, 2020-03-17.

[13] 杨超. 一种基于灯具配光数据的公路隧道中间段交错布灯参数优化模型[P]. 中国：ZL201710163663. 9, 2020-03-06.

[14] 周建民, 游涛, 尹文豪, 等. 基于融合 FCM-SVDD 模型的滚动轴承退化状态识别[J]. 机械设计与研究, 2020(1).

[15] 杨超, 杨晓霞, 李灵飞. 基于灰色关联度和 ELM 的轴承性能退化趋势预测[J]. 组合机床与自动化加工技术，2019(11).

[16] 周建民, 王发令, 张龙, 等. 基于 RBF 神经网络与模糊评价的滚动轴承退化状态定量评估[J]. 机械设计与研究, 2019(6).

[17] Yang Chao, Fan Shijuan. Parameters optimization and energy-saving of highway tunnel backlighting with LED[J]. Journal of Donghua University (Eng. Ed.) , 2017, 34(7).

[18] 周建民, 徐清瑶, 张龙, 等. 结合小波包奇异谱熵和 SVDD 的滚动轴承性能退化评估[J]. 机械科学与技术, 2016(12).

[19] 周建民, 徐清瑶, 张龙, 等. 基于小波包 Tsallis 熵和 FCM 的滚动轴承性能退化评估[J]. 机械传动, 2016(5).

[20] 杨超, 范士娟. 管材参数对输液管流固耦合振动的影响[J]. 振动与冲击, 2011(7).

[21] 杨超, 王志伟. 经 GA 优化的 WNN 在交通流预测中的应用[J]. 计算机工程，

2011(14).

[22] 范士娟, 杨超. 输水管道流固耦合振动数值计算[J]. 噪声与振动控制, 2010(6).

[23] 杨超, 王志伟. 遗传算法和 BP 神经网络在电机故障诊断中的应用研究[J]. 噪声与振动控制, 2010(5).

[24] 杨超, 王志伟. 基于 Elman 神经网络的滚动轴承故障诊断方法[J]. 轴承, 2010(5).

[25] 杨超, 肖宇. 公路隧道入口和过渡段照明布灯参数优化研究[J]. 华东交通大学学报, 2018, 35(4).

[26] 杨超, 杨晓霞. 基于灰色关联度和 Teager 能量算子的轴承早期故障诊断[J]. 振动与冲击, 2020(13).